普通高等教育"十一五"国家级规划教材
普通高等教育"十三五"规划教材
华中科技大学精品教材

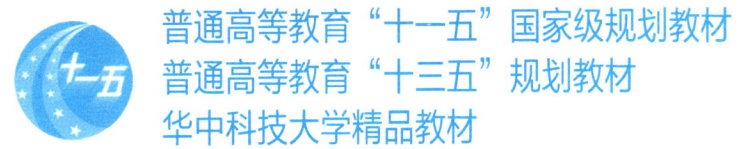

U0783709

画法几何与土木工程制图习题集

（第五版）

主　编　鄢来祥　竺宏丹

主　审　吴昌林

华中科技大学出版社

中国·武汉

内 容 提 要

　　本习题集与华中科技大学出版社出版的《画法几何与土木工程制图》（第五版）教材配套使用，其编排顺序与教材一致，题目采用双号编码，前一个数字表示教材的章次，后一个数字表示该章题目的顺序号。

　　本习题集是编者在近几年工程制图课程教学改革的基础上，结合多年的教学实践经验修订而成的。为适应当前高等学校拓宽专业面的需要，本习题集精选的教学内容有：点、直线、平面的投影，直线与平面、平面与平面的相对位置，投影变换，基本体及截交线，常用工程曲线与曲面，两立体相交，轴测投影，透视投影，标高投影，制图的基本知识，组合体，剖视图与断面图，建筑施工图，结构施工图，给水排水工程图，道路工程图，桥、隧、涵工程图，等等。读者可根据教学的实际情况和专业的不同来选用习题集中的内容。

　　本习题集适合于普通高等学校及各类成人教育学院土木类各专业选用。

图书在版编目（CIP）数据

　　画法几何与土木工程制图习题集 / 鄢来祥，竺宏丹主编 .—5 版 .—武汉：华中科技大学出版社，2020.6（2023.8 重印）
　　普通高等教育"十三五"规划教材
　　ISBN 978-7-5680-6143-8

　　Ⅰ . ①画 … Ⅱ . ①鄢 … ②竺 … Ⅲ . ①画法几何 - 高等学校 - 习题集 ②土木工程 - 建筑制图 - 高等学校 - 习题集 Ⅳ . ① TU204.2-44

　　中国版本图书馆 CIP 数据核字 (2020) 第 100171 号

画法几何与土木工程制图习题集（第五版）　　　　　　　　　　　鄢来祥 竺宏丹 主编
Huafa Jihe yu Tumu Gongcheng Zhitu Xitiji(Di-wu Ban)

策划编辑：万亚军	责任编辑：吴　晗
封面设计：秦　茹	监　印：周治超
出版发行：华中科技大学出版社（中国•武汉）	电话：(027)81321913
武汉市东湖新技术开发区华工科技园	邮编：430223

录　　排：华中科技大学惠友文印中心

印　　刷：武汉市籍缘印刷厂

开　　本：787mm×1092mm　1/16

印　　张：18.5

字　　数：325 千字

版　　次：2023 年 8 月第 5 版第 3 次印刷

定　　价：39.80 元

前　言

本习题集是根据教育部高等学校工程图学课程教学指导委员会制定的《普通高等院校工程图学课程教学基本要求》和现行的国家有关标准，在 2016 年出版的《画法几何及工程制图习题集》（第四版）的基础上编写而成的。编写本习题集的指导思想是：学习工程制图的理论和方法，提高学生的科学素养，培养学生的思维能力和实践技能。

本习题集的特点是：

1. 与教材密切配合，融入了培养学生的思维能力、全面提高学生综合素质的理念，以促使学生学习在平面上表达空间形体、解决空间几何问题的同时，接受智力训练，培养分析问题、解决问题的能力和创新能力。

2. 按照本课程的基本要求和学生的认知规律，编排时遵循由浅入深、由易到难、循序渐进的原则。所选用的习题形式多样、精练、典型，既有训练空间想象能力和空间构思能力的图示、图解内容，又有与工程实际相结合的各种工程图样。这将有利于培养学生的空间概念和空间想象能力，使学生熟练地掌握阅读和绘制工程图样的基本技能。

3. 采用了最新的制图国家标准，特别是对建筑施工图、结构施工图中的有关内容按照最新的制图国家标准进行了修改。在每一章中，习题丰富，教师在教学中可根据实际情况进行选用。

4. 为适应"互联网 +"新时代的到来，使学生具备自主学习的重要能力，本次修订增加了部分题目的立体模型，并以二维码形式呈现。同时提供了样卷，以供参考。

本习题集由鄢来祥、竺宏丹主编，华中科技大学吴昌林教授主审。具体编写分工：王晓琴编写第 1、2、11 章，第 14、15 章的部分内容，第 17、18 章的部分内容；庞行志编写第 3、12 章，竺宏丹编写第 4、10 章；宋玲编写第 5、6、7 章；程敏编写第 8、16 章、第 14、15 章的部分内容；贾康生编写第 9、13 章；鄢来祥编写样卷和第 14、15 章部分内容；潘宗良编写第 17、18 章的部分内容。

本习题集在编写过程中，参考了国内一些同类教材的习题集，在此向有关作者表示感谢。

在本习题集中难免有疏漏和不足的地方，恳请读者提出宝贵意见。

编　者

2019 年 12 月

目　　录

1 绪论

1-1　完成填空题：

（1）在古代，为满足丈量田亩、兴修水利和航海等的需要，产生了_____。

（2）在治水工程中，必先探测地形、水路，古人在不可能十分完整地了解、使用文字或语言清晰地描述地形等空间对象的情况下，提出了许多有关必须在_____表示_____几何问题。经过人们的长期努力，逐渐地摸索出一些解决问题的方法，_____的绘制技术因此而逐步发展起来。

（3）"画法几何"这一中文名称是由我国著名物理学家_____和著名教育家_____在1920年左右翻译定名的。

（4）工程技术人员用图样来_____。图样是工程界进行技术交流的

（5）科学素质是指_____ 的能力，_____ 的习惯，_____ 的能力。

（6）对接受过高等教育的人群来说，科学素质主要表现为：_____ 等方面的能力。

1-2　回答下列问题：

（1）画法几何的主要任务是什么？　　　具体要进行哪些方面的训练？

（2）土木工程制图的主要任务是什么？

（3）学习画法几何理论知识时要注意什么？思维能力培养要注意什么？

（4）学习画法几何理论知识时各学习环节应如何配合？

（5）学习制图基础理论知识应注意什么？制图基础部分中实践技能训练要注意什么？

（6）投影法分为哪几类？怎么区分？

1-3　判断下列各图分别是用什么投影法作的图：

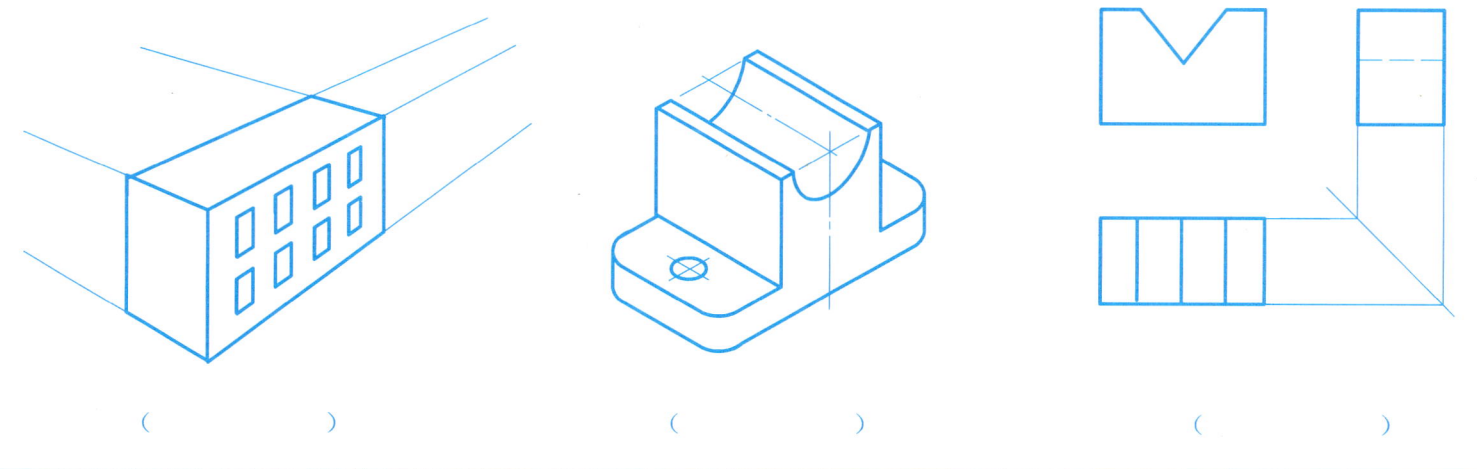

（　　　　）　　　　　　　　（　　　　）　　　　　　　　（　　　　）

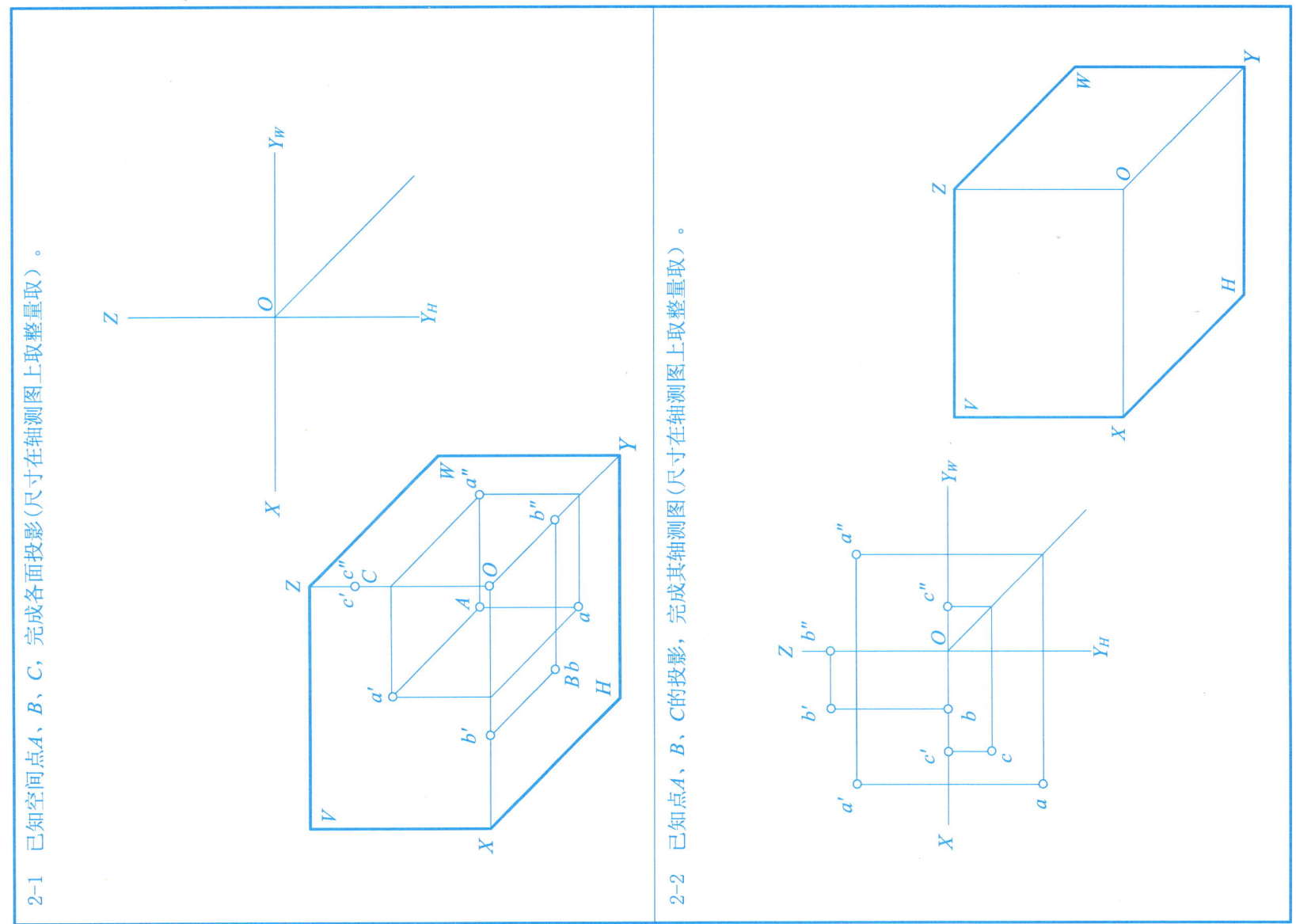

2-1　已知空间点A、B、C，完成各面投影（尺寸在轴测图上取整量取）。

2-2　已知点A、B、C的投影，完成其轴测图（尺寸在轴测图上取整量取）。

2-3　已知点A的V面、H面投影，完成点A的W面投影，并指出点A的坐标。用逆向思维法想象点相对投影面的位置。

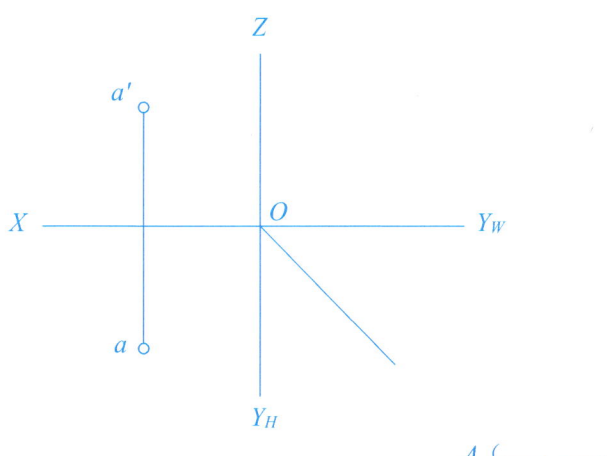

A（——，——，——）

2-4　已知点A（10，25，20），点B距W、V、H面分别为20 mm、10 mm、15 mm，完成点A、点B的各面投影并想象两点在空间的位置及相互位置。

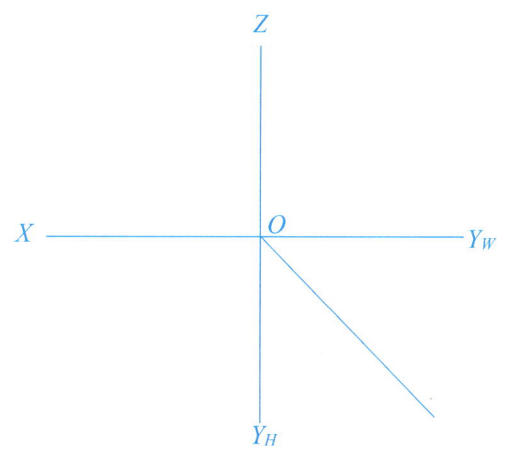

2-5　已知点A的V面、W面投影，点B在点A的下方10 mm、前方5 mm、右方10 mm，完成点A、点B的各面投影。

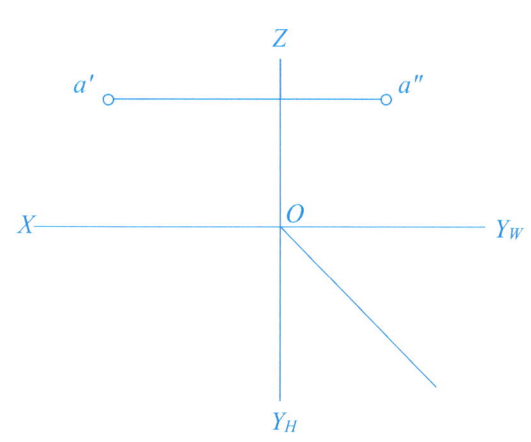

2-6　已知点B在点A的下方15 mm，点C在点A的正后方10 mm，完成各点的各面投影并想象各点在空间的位置。

2-7　已知点A(20, 15, 15)、点B(10, 10, 20)，作直线AB的三面投影。

2-8　已知点C是直线AB上的点，作出直线及点C的三面投影。

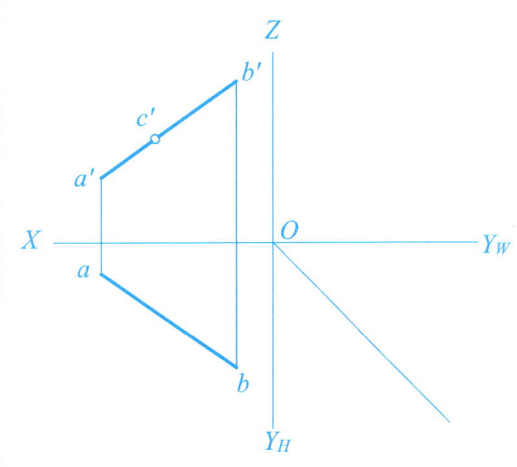

2-9　想象直线AB的空间位置并求直线AB的迹点。

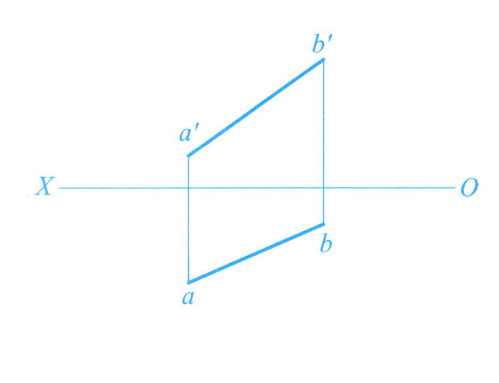

2-10　判别各直线对投影面的相对位置，并想象直线的空间位置后作出第三面投影。

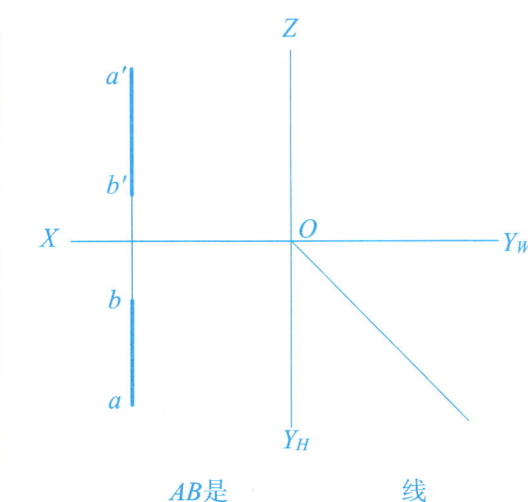

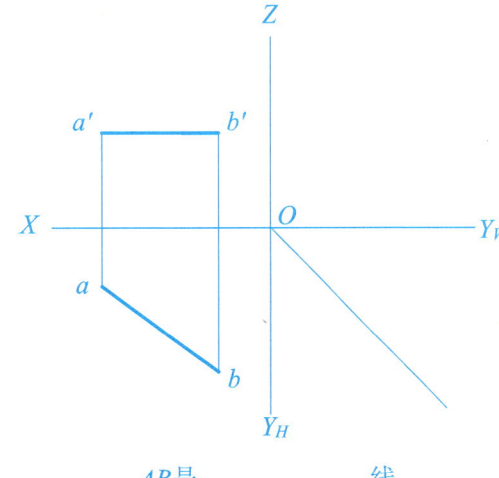

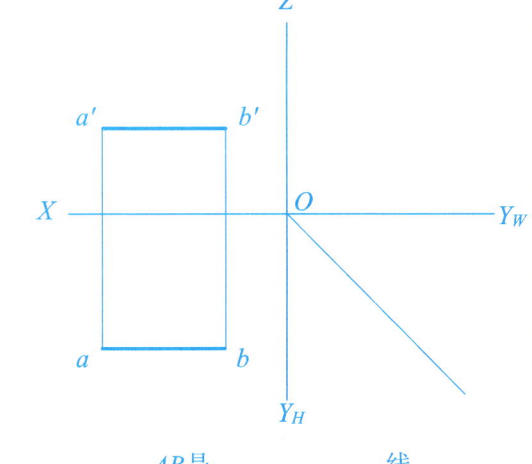

AB是 ＿＿＿＿＿＿ 线　　　　　　AB是 ＿＿＿＿＿＿ 线　　　　　　AB是 ＿＿＿＿＿＿ 线

2-11　过已知点作直线AB的三面投影，并使AB=15 mm（只作一解）。

(1) 作正平线，与H面成60°。　　　(2) 作水平线，与W面成60°。　　　(3) 作正垂线。

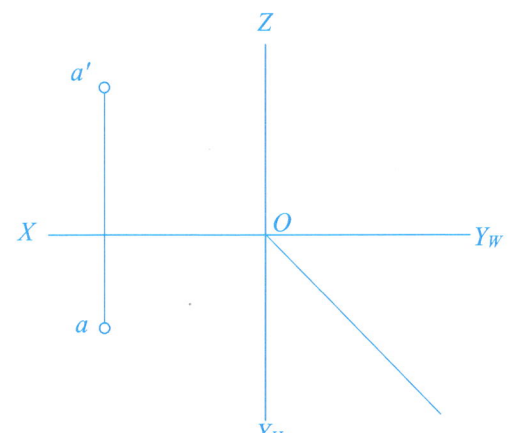 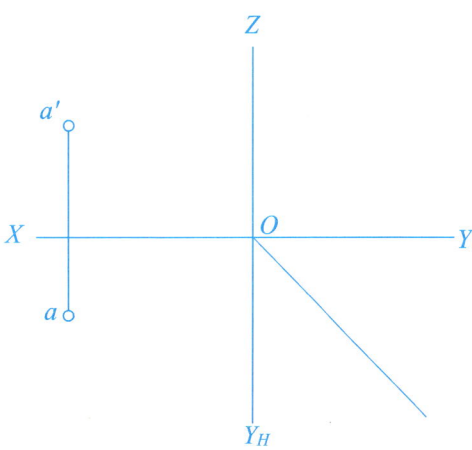 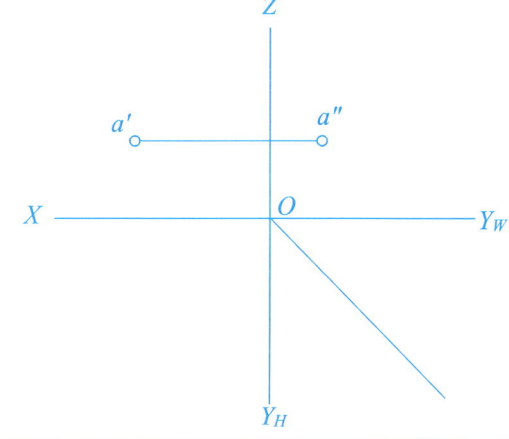

2-12　已知线段AB=35 mm，求a'b'。有几解？

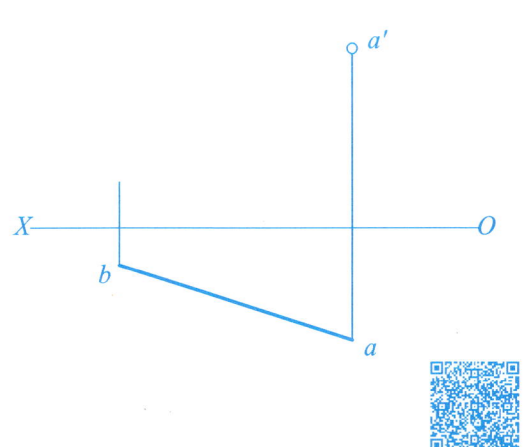

2-13　已知线段AB对V面的倾斜β=30°，求ab。有几解？

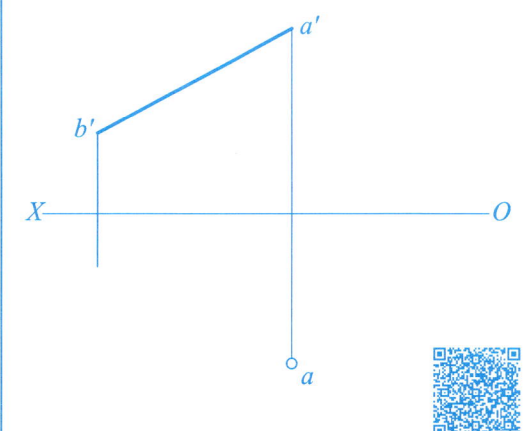

2-14　已知线段AB=BC，求b'c'。

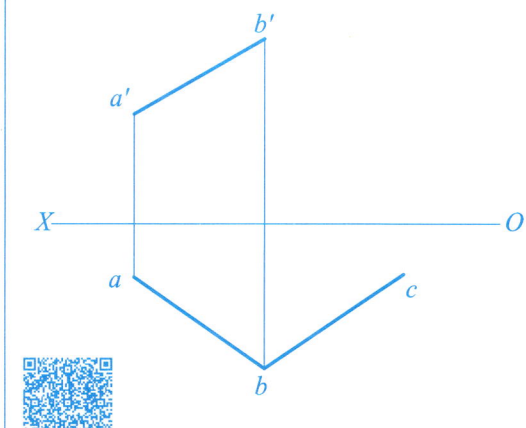

2-15　在线段AB上取一点K。

　　　（1）使$AK:KB=2:1$。　　　　　（2）使点K距H面10 mm。　　　（3）使点K距V面10 mm。　　　（4）使AK实长为20 mm。

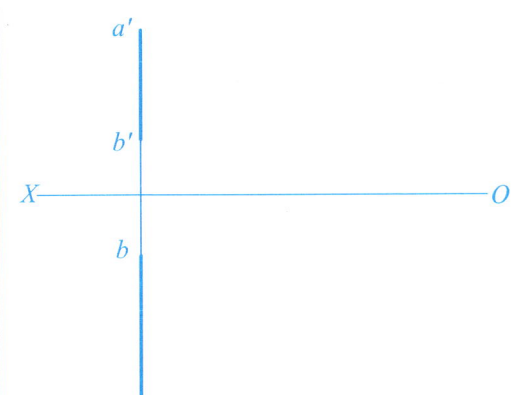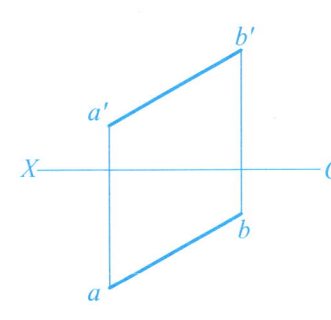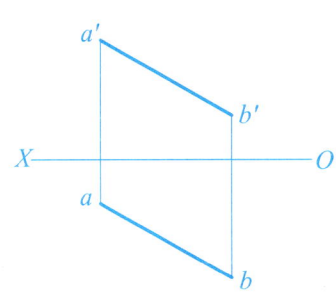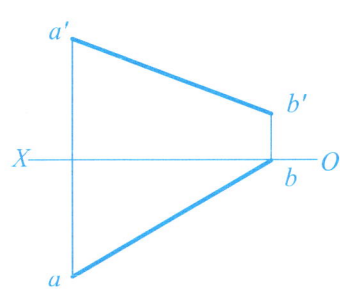

2-16　想象两直线各自的空间位置后判断它们的相对位置。

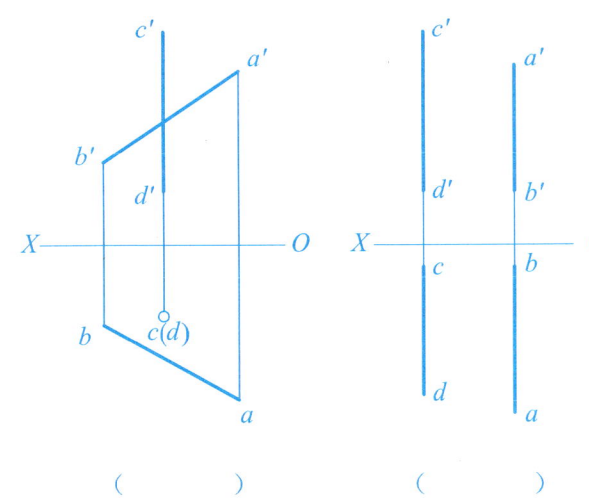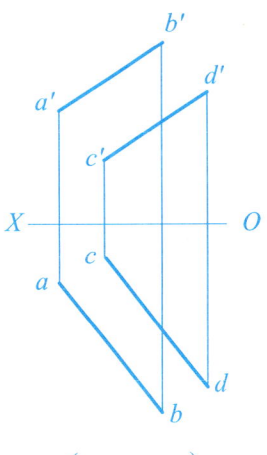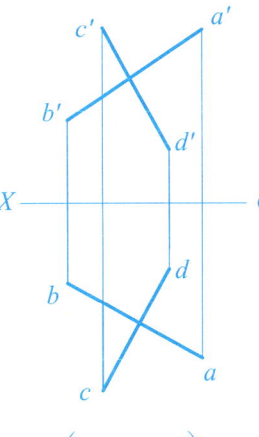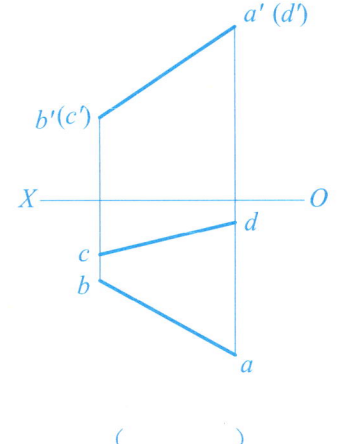

　　（　　　）　　　　　（　　　）　　　　　（　　　）　　　　　（　　　）　　　　　（　　　）

2-17　已知两直线为相交直线，完成其投影（想象两直线的空间位置）。

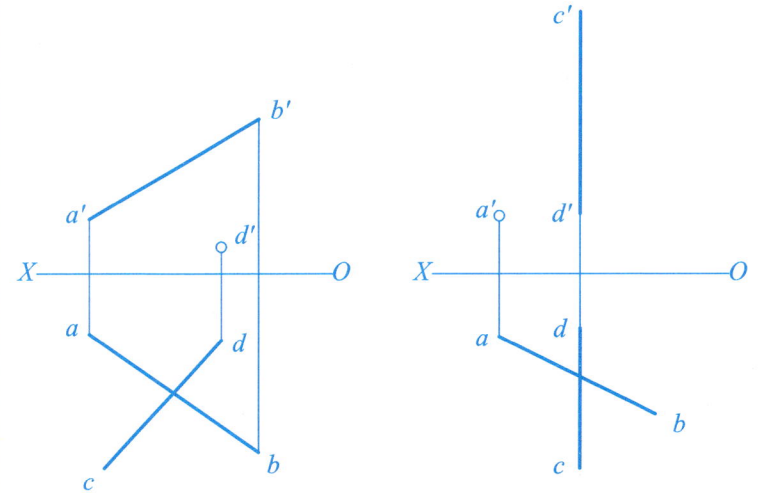

2-18　作一直线与AB平行，与CD、EF相交（想象两直线的空间位置）。

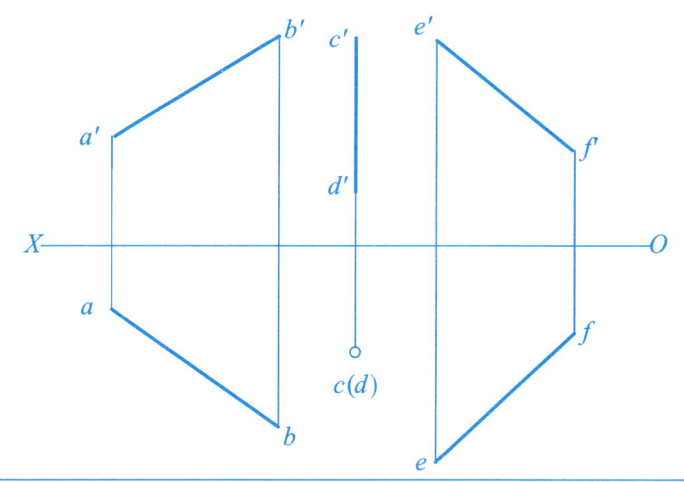

2-19　已知点A到直线CD的距离为30 mm，求点A的H面投影。

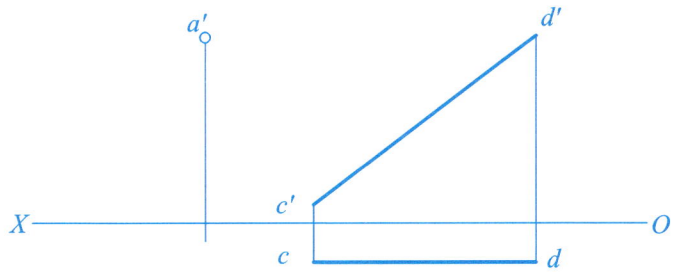

2-20　已知直线AB垂直于BC，在BC上取一点D，使AB=2BD，求点D的两投影。

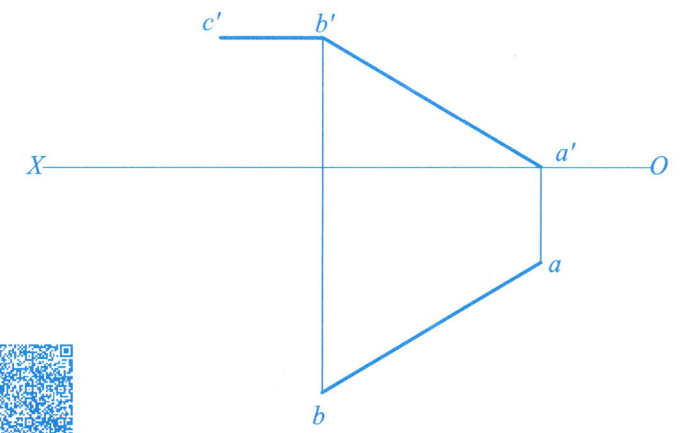

2-21　用迹线表示图示平面的两投影。

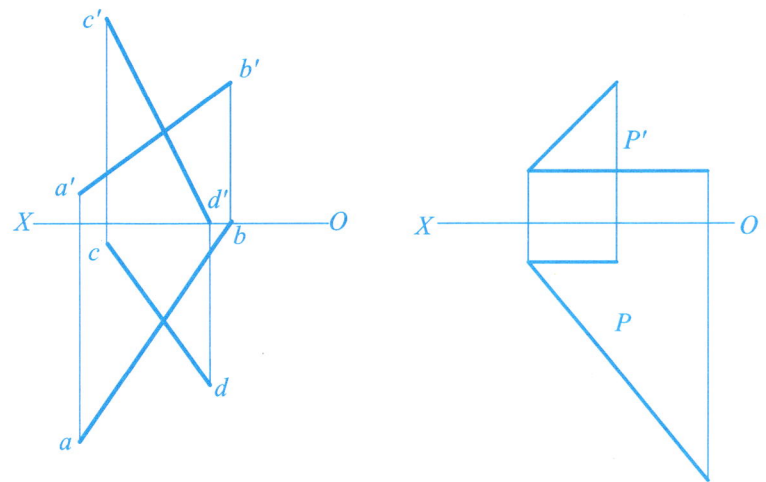

2-22　已知正垂面△ABC对H面的倾角α=45°，完成其各面投影。

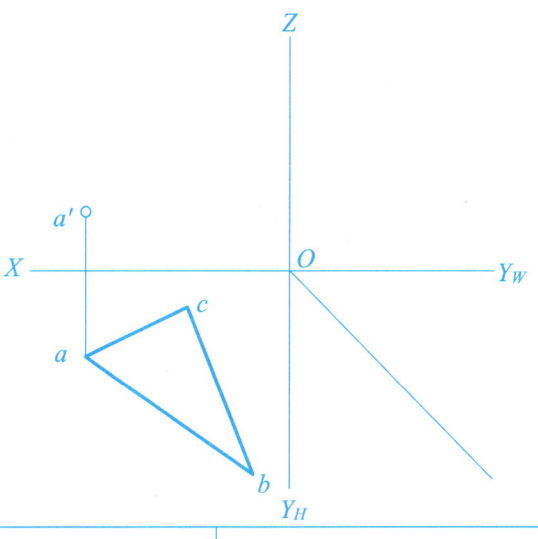

2-23　已知等腰△ABC为铅垂面，其高AD为水平线，且AD=BC,求各投影。

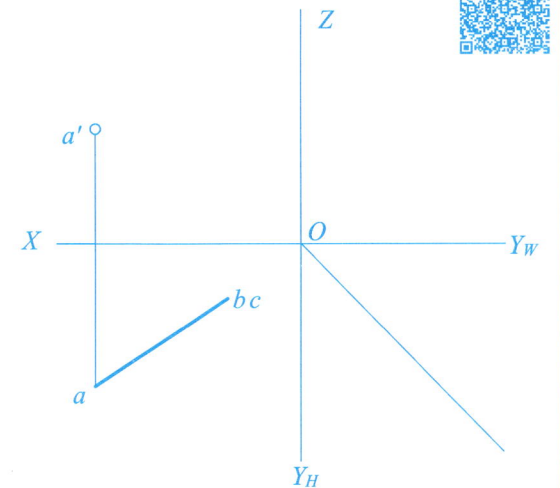

2-24　过直线AB作一侧垂面，用迹线表示，完成直线及平面的各投影。

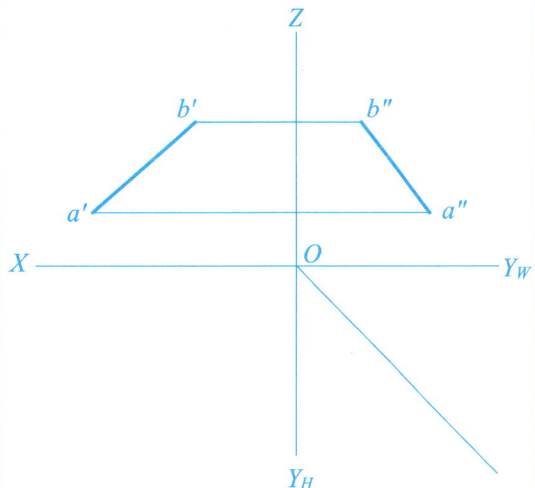

2-25　在线段AB上取一点K，使其至V、H面距离相等（两种方法解）。

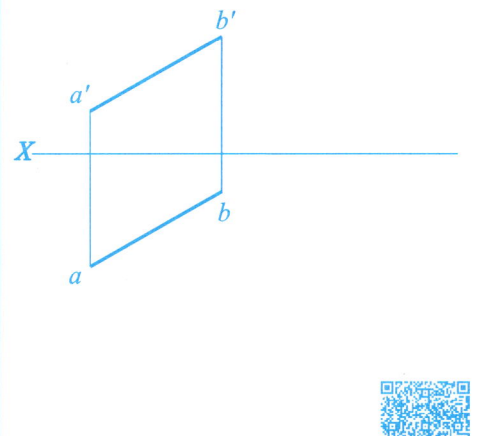

2-26　完成平面图形ABCD上的△EFG的正面投影。

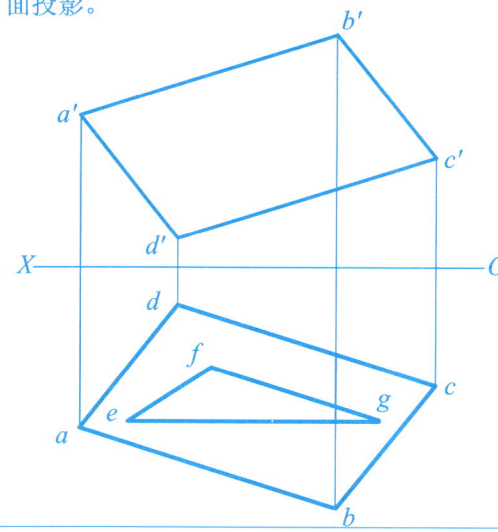

2-27　完成平面图形ABCDE的各面投影。

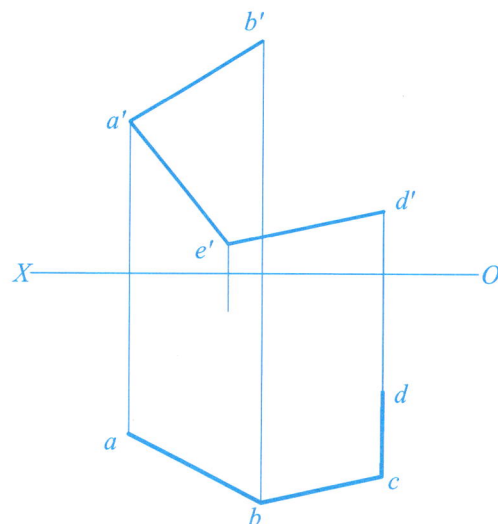

2-28　已知△ABC上一点D比点A低10 mm，比点C后15 mm，求其投影。

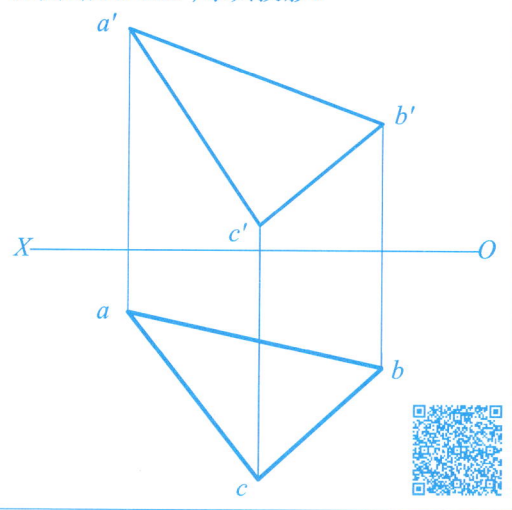

2-29　已知正方形一对角线AB的两投影，另一对角线CD为侧平线，完成正方形的投影。

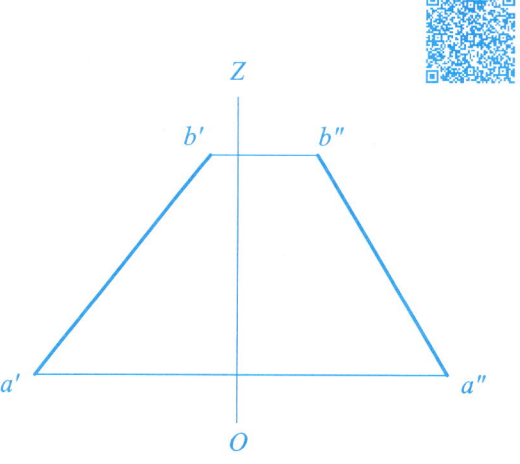

2-30　已知正方形ABCD一边BC//H面及另一边AB的V面投影方向，完成正方形的投影。

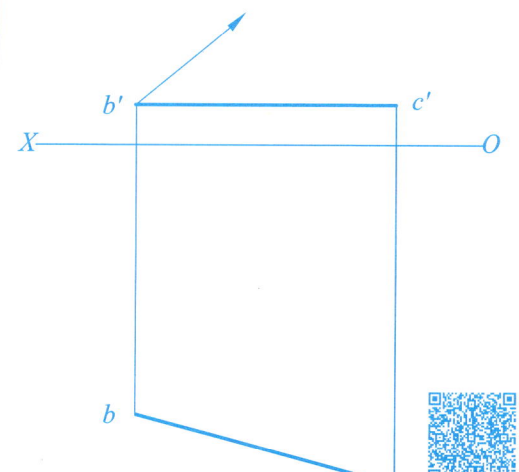

2-31　求△ABC对H面的倾角α及对V面的倾角β。

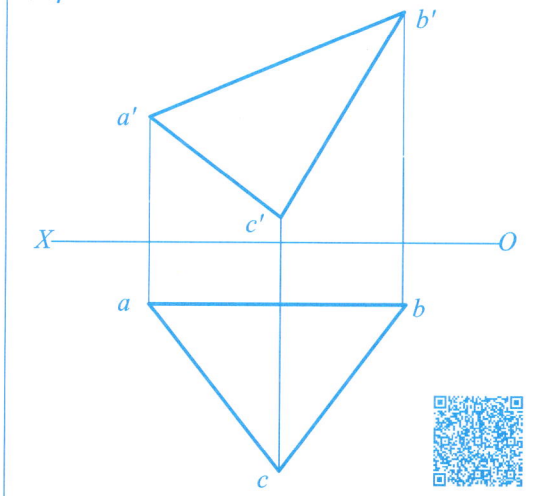

3-1 过点E作正平线EF，使其平行于△ABC，EF长为20 mm。

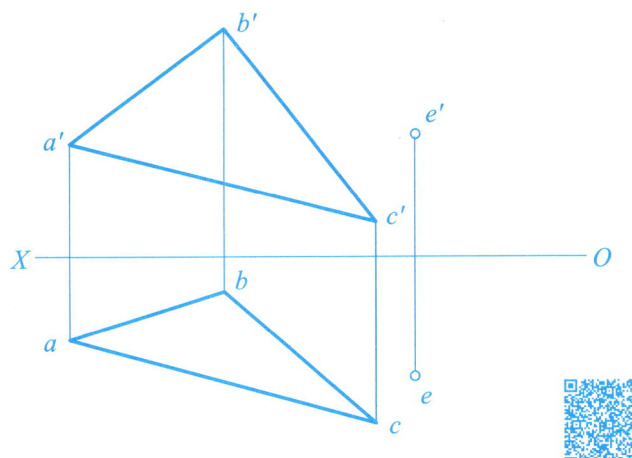

3-2 已知直线EF平行于△ABC，求作△ABC的正面投影。

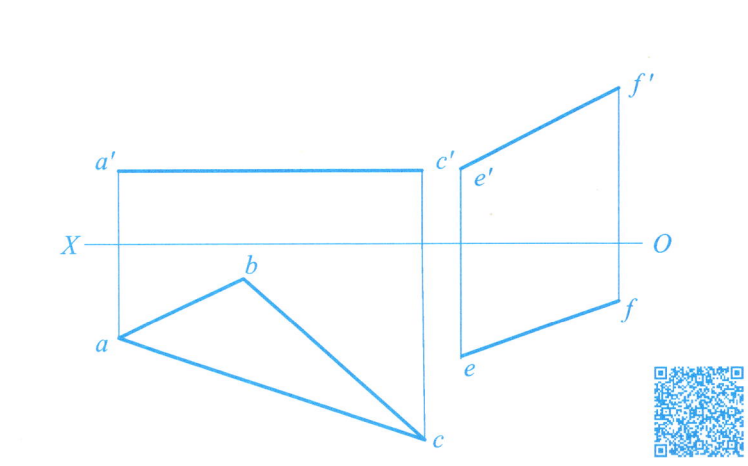

3-3 △ABC平行于平面DE、FG，求作de、fg。

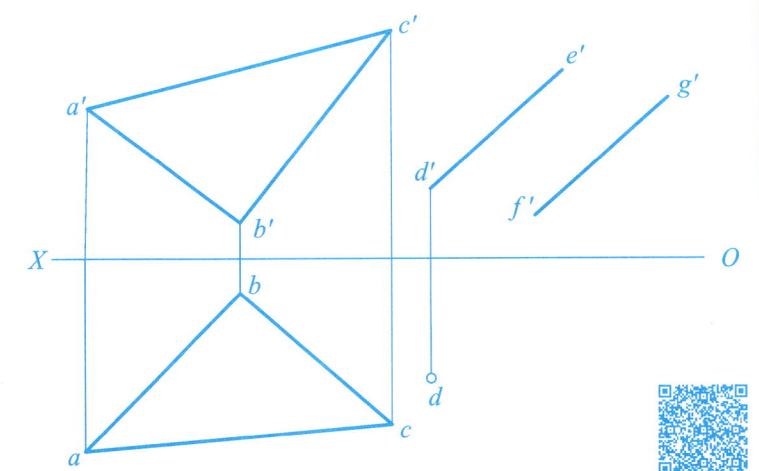

3-4 已知△ABC平行于直线EF、DG，求作△ABC的正面投影。

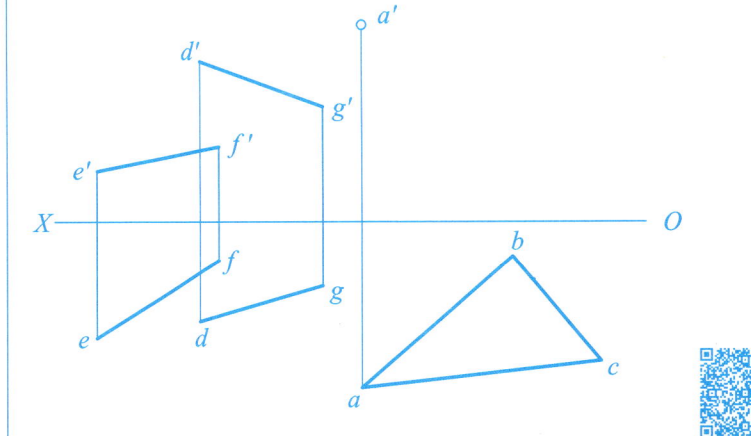

3-5　求直线AB与平面$\triangle CDE$的交点，并判断可见性。

（1）

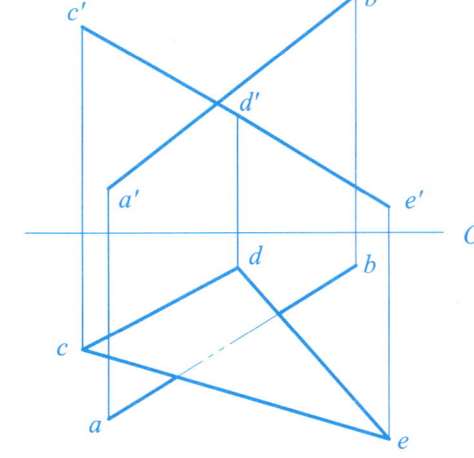

（2）

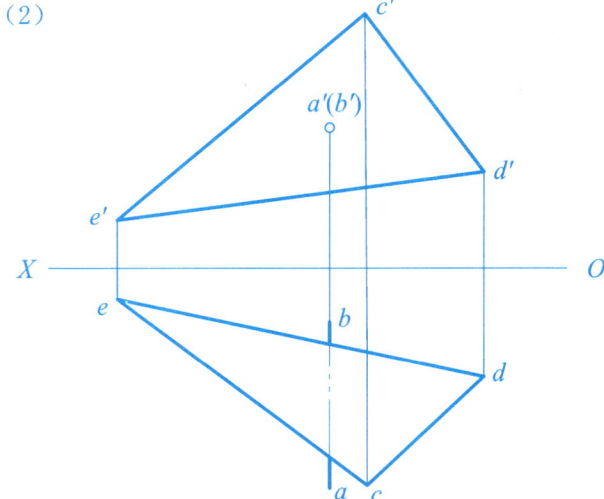

（3）

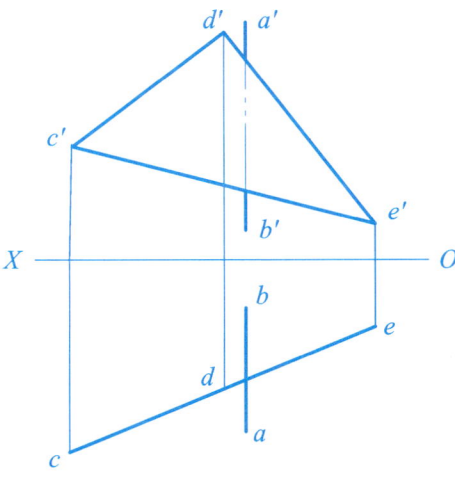

（4）

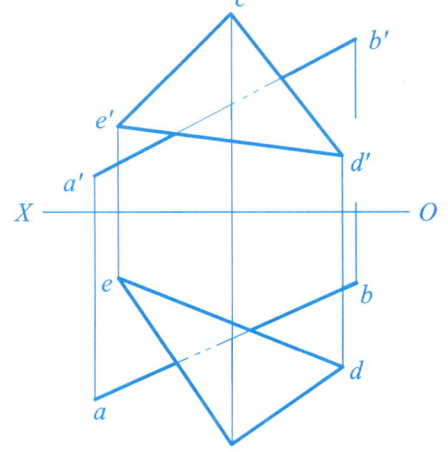

3-6　求两平面的交线，并判断可见性。

（1）

（2）

（3）

（4）

3-7　求两平面的交线，并判断可见性。

（1）

（2）

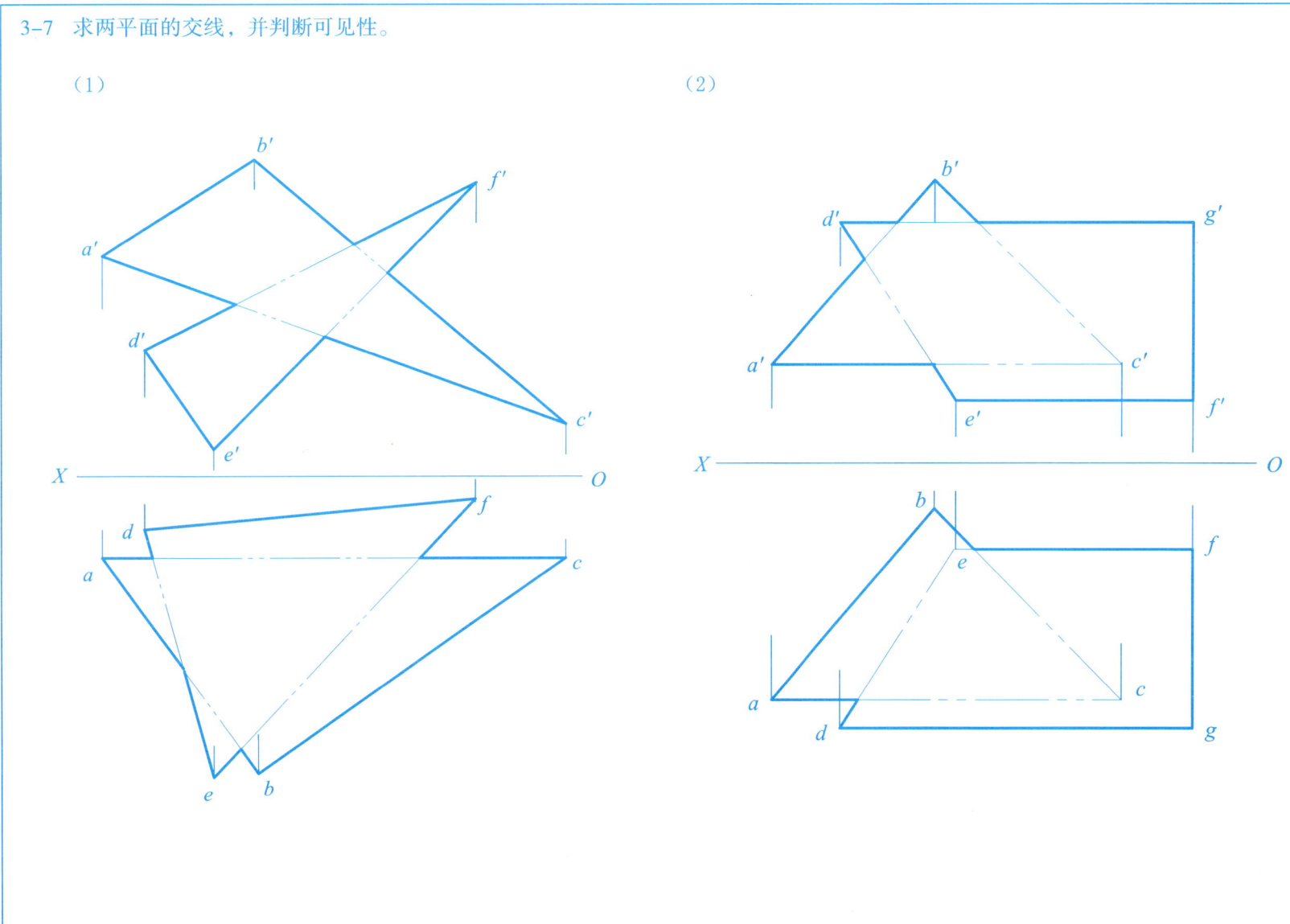

3-8 过直线*AB*作一平面垂直于平面△*CDE*。

（1）

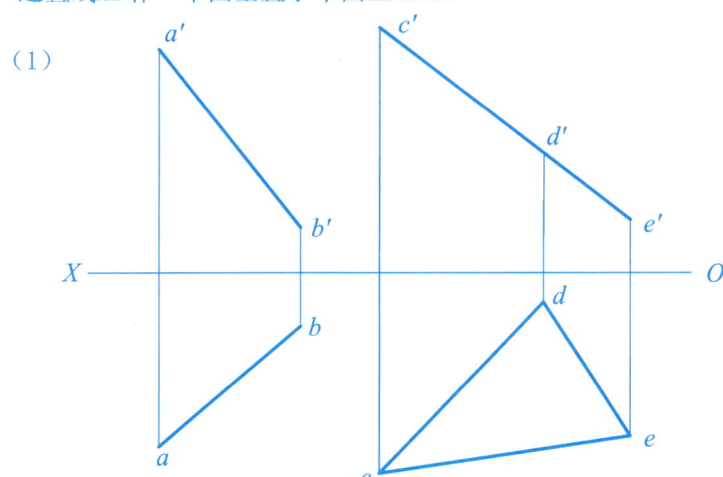

（2）

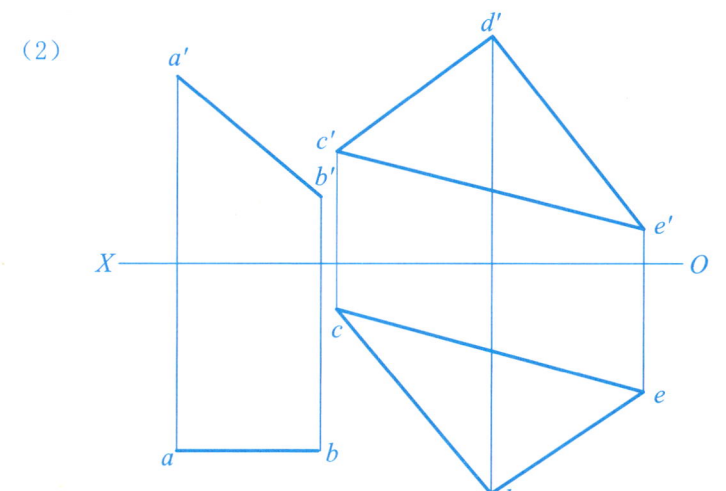

3-9 已知直线*AB*垂直于直线*BC*，求作直线*AB*的水平投影。

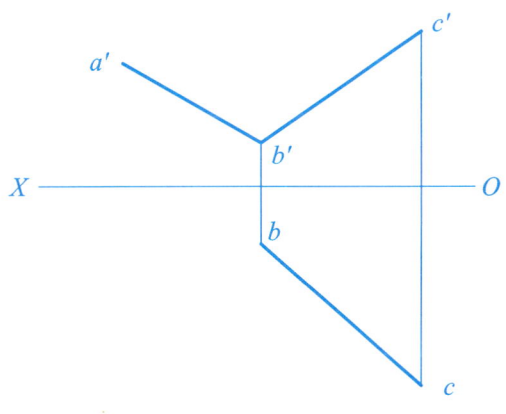

3-10 已知平面△*ABC*垂直于平面四边形*DEFG*，求作△*abc*。

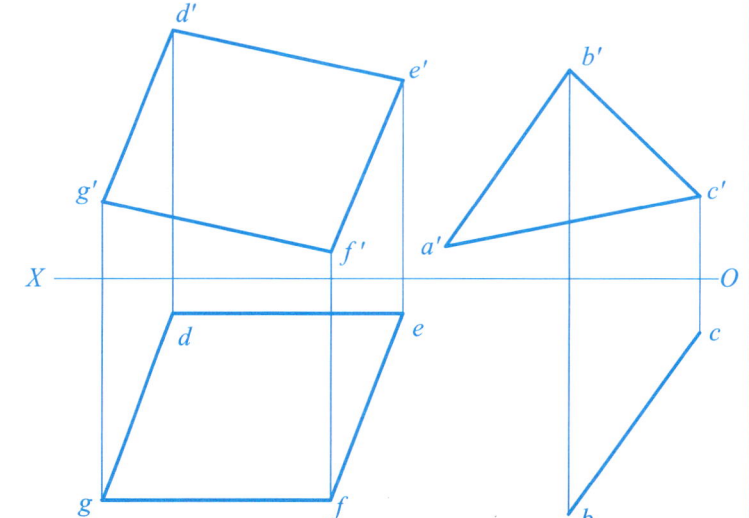

3-11　求作以直线AB为底边的等腰△ABC的H面投影。

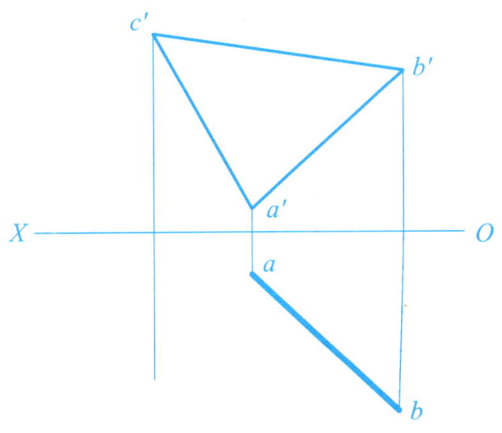

3-12　过平面△ABC上点K，作△ABC的垂线KL，KL的实长为20mm。

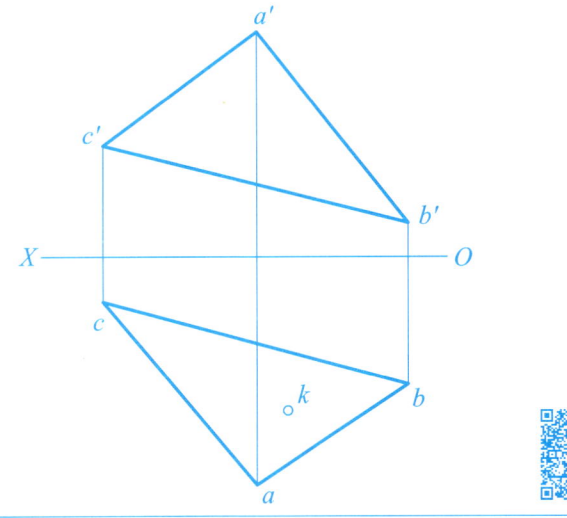

3-13　过点M作平面平行于直线AB，垂直于平面△CDE。

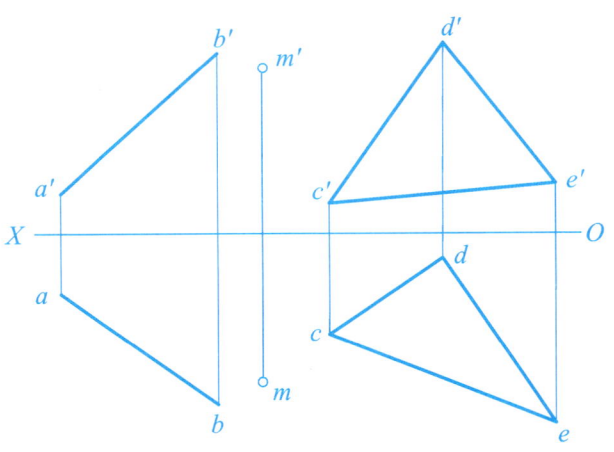

3-14　过点M作直线MN平行于平面△ABC，且与直线DE交于点N。

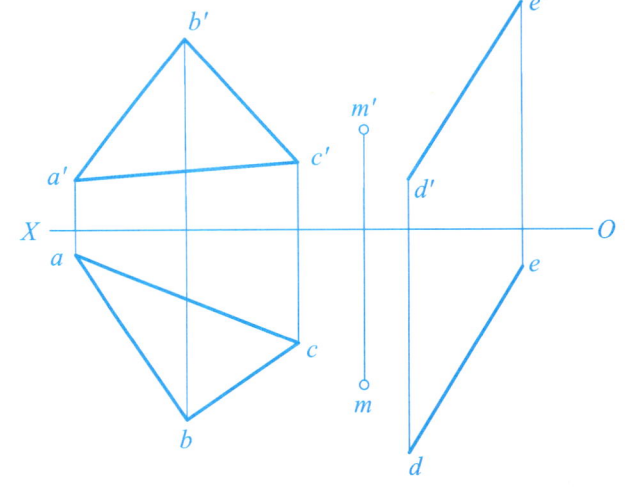

3-15　求点M到△ABC的距离。

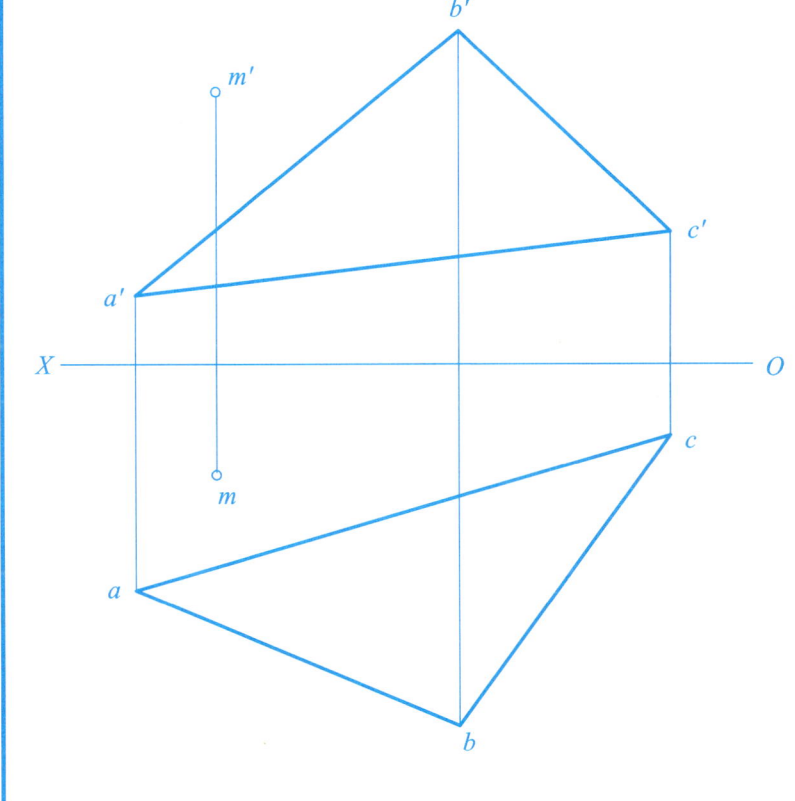

3-16　已知等腰直角△ABC的一条直角边BC在直线EF上，求△ABC的两面投影。

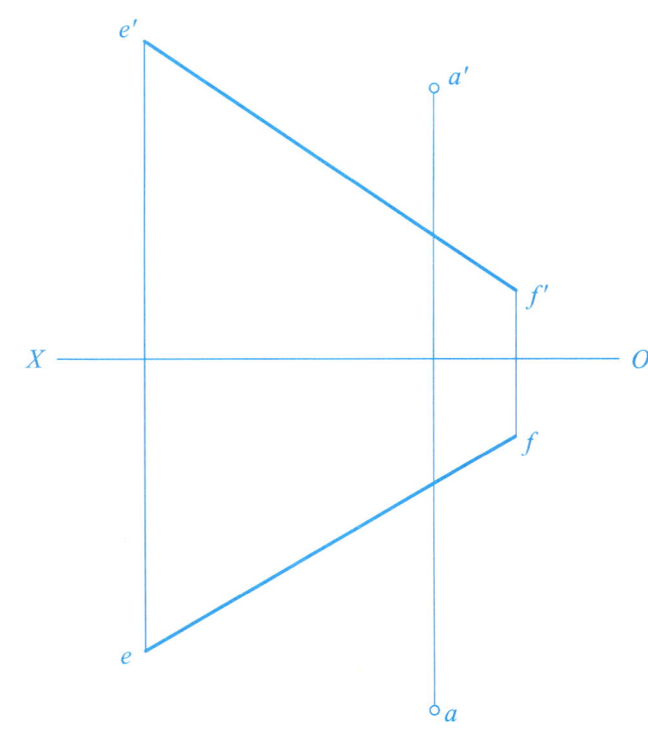

4 投影变换

4-1 作图求AB的实长及其相对H面与V面的倾角。

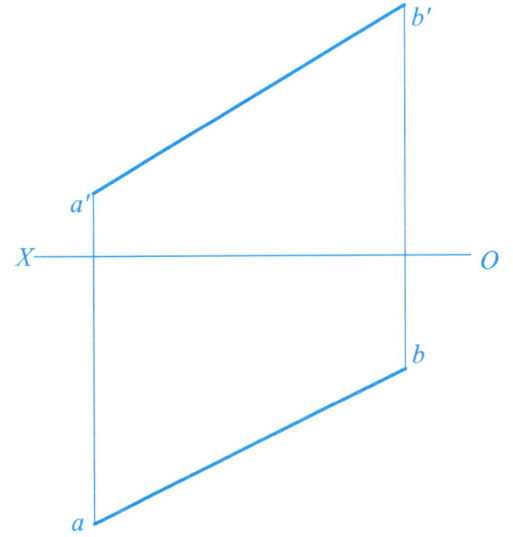

4-2 作图求平面△ABC对H面及V面的倾角。

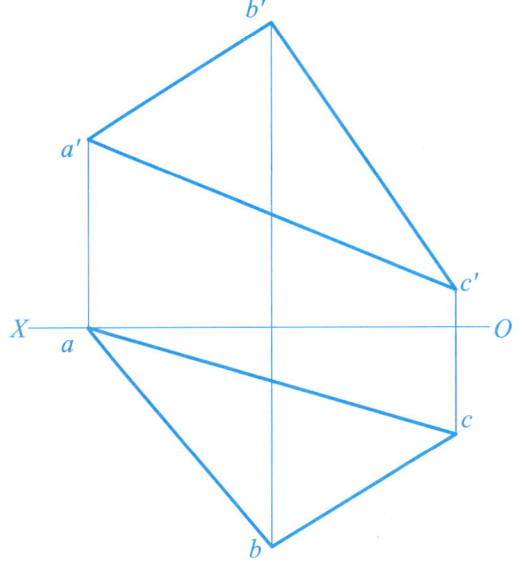

4-3　在平面△ABC上过点A作直线AD与BC相交，且成60°角。

4-4　作图求点A到直线BC的距离。

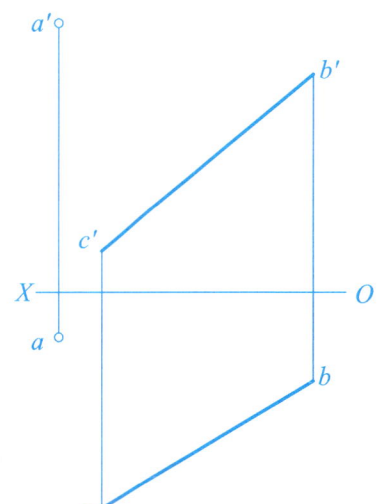

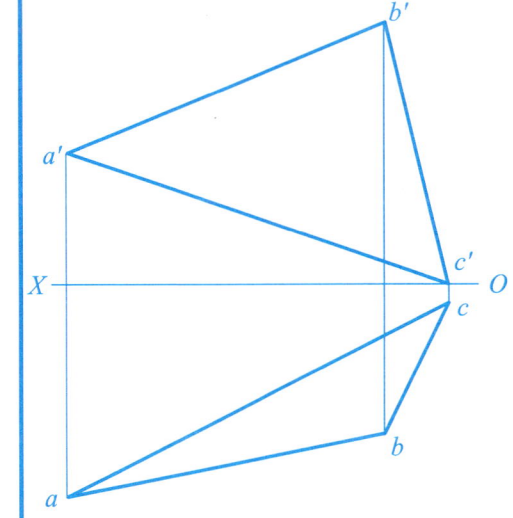

4-5　已知点A到直线BC的距离为20 mm，求作a。

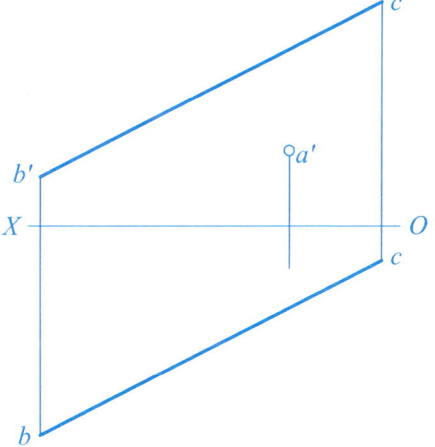

4-6　已知点D到平面△ABC的距离为20 mm，求作d′。

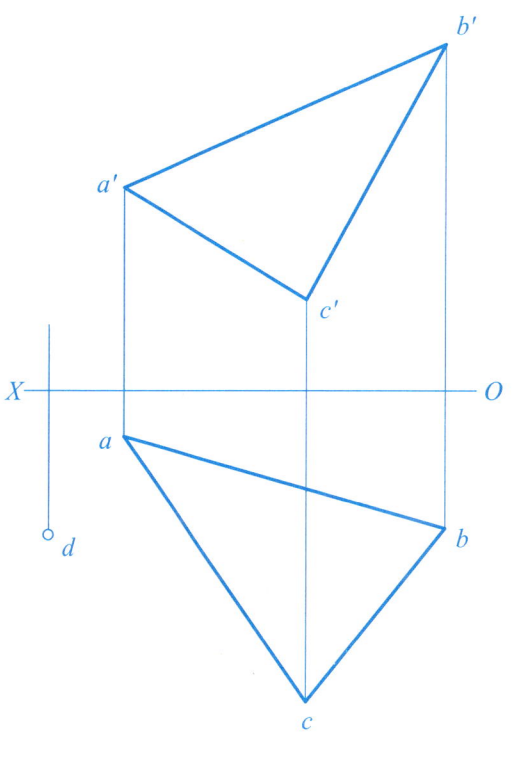

4-7　已知直线AB平行于平面△CDE，且与它相距15 mm，求作ab。

4-8　已知直角△ABC的直角边AB、斜边BC与直线MN平行，补全直角△ABC的投影。

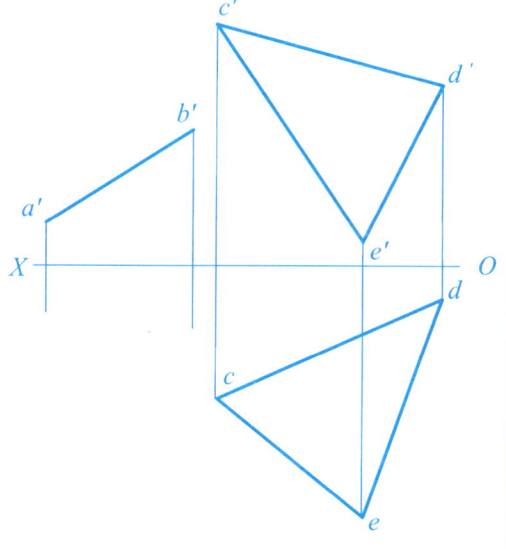

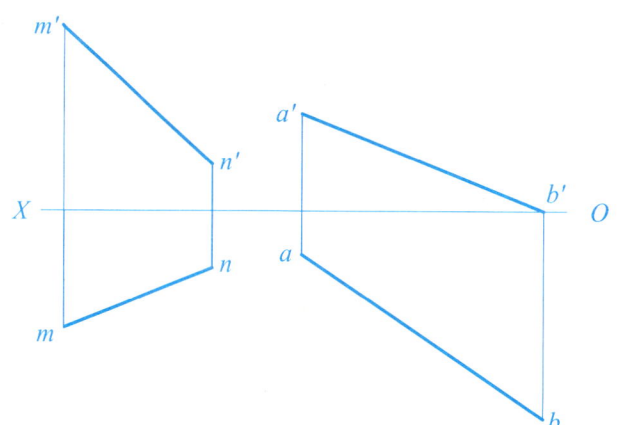

4-9　已知△ABC与等边△ABD的夹角为90°，补全投影。

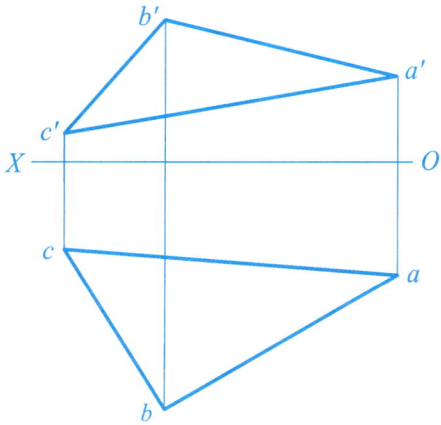

4-10　已知两交叉直线AB与CD的公垂线EF的实长为16 mm，补全公垂线EF及直线AB的投影。

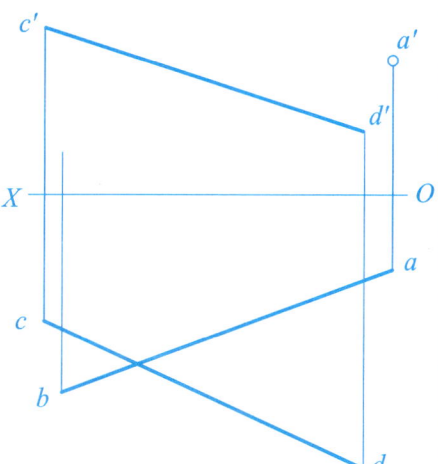

4-11　两平行直线AB与CD的距离为25 mm，补全投影。

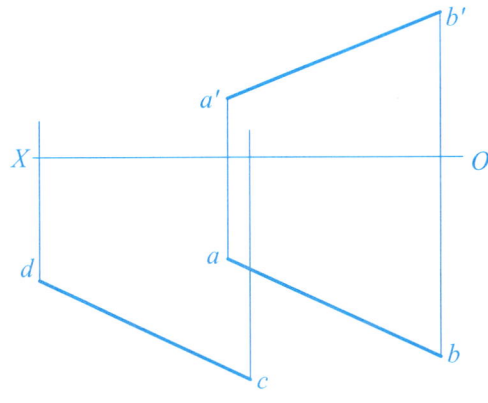

4-12　求直线AB与平面$\triangle CDE$的交点，并判断直线的可见性。

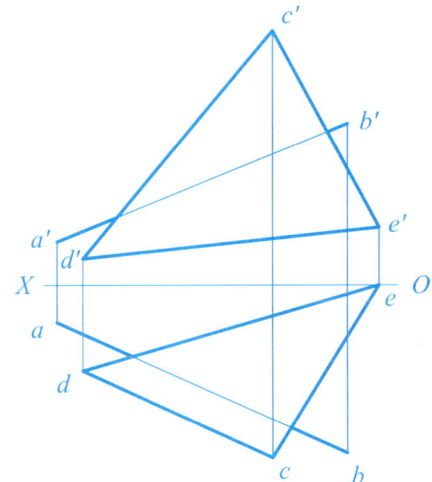

4-13　已知*AB*与*V*面的倾角为30°，用垂轴旋转法补全投影。

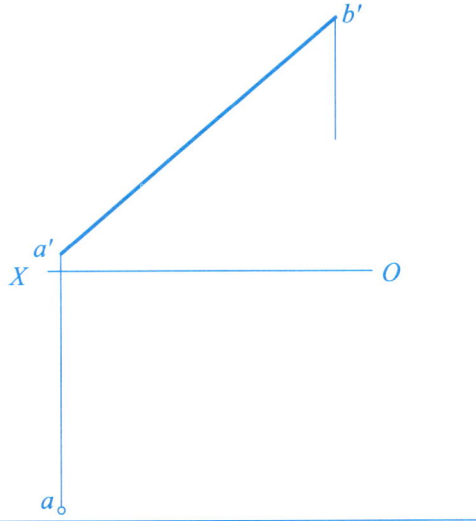

4-14　用垂轴旋转法求直线*AB*的实长。

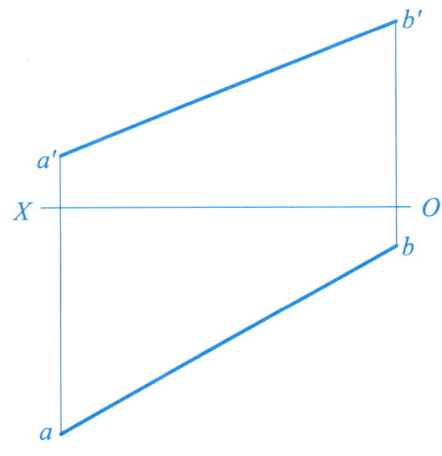

4-15　用垂轴旋转法求平面△*ABC*与*H*面的倾角。

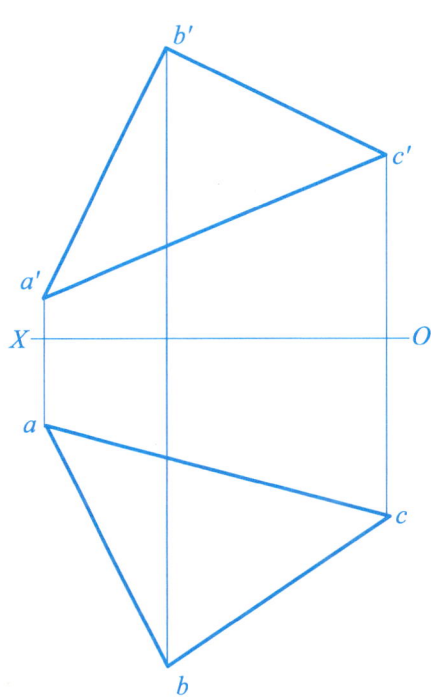

4-16　用垂轴旋转法求以*BC*为底边的等腰△*ABC*的实形。

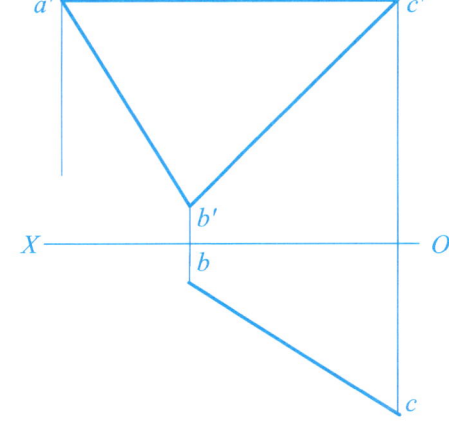

4-17　用垂轴旋转法在△*ABC*平面上作一条直线*AD*，与*H*面成30°角。

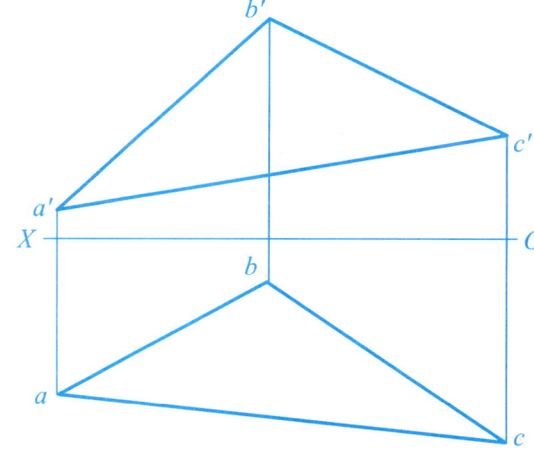

5-1　补作平面体的第三面投影，并补全题(1)、题(2)立体表面上点和线段的三面投影。

（1）

（2）

（3）

（4）

5-2　补作平面体的 *W* 面投影，并补全题(1)、题(2)立体表面上点和线段的三面投影。

（1）

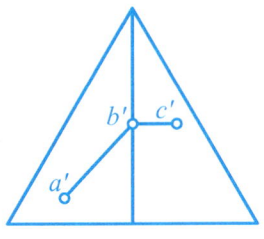

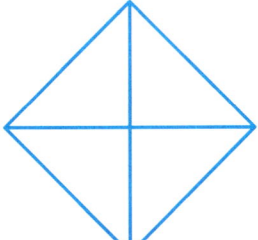

（2）

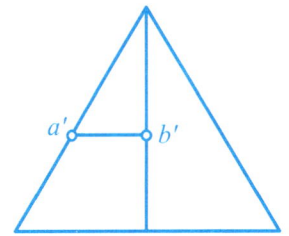

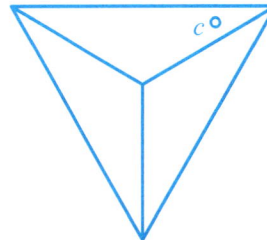

（3）

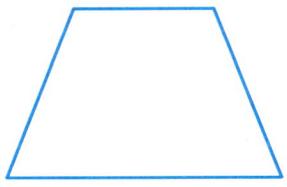

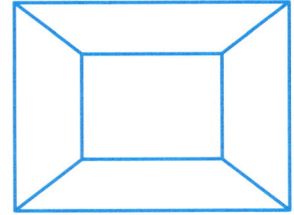

（4）

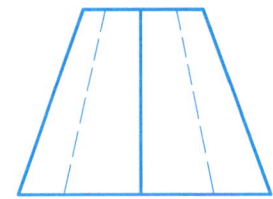

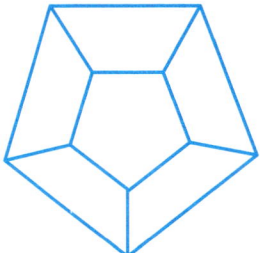

5-3　补全圆柱体表面上点和线段的三面投影。

5-4　补全圆锥表面上点和线段的三面投影。

5-5　完成圆球表面上点和线段的三面投影。

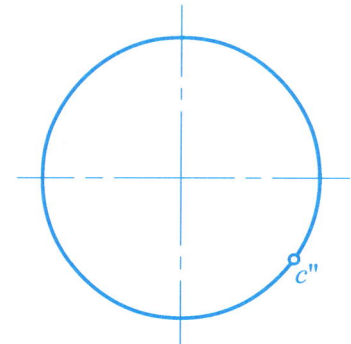

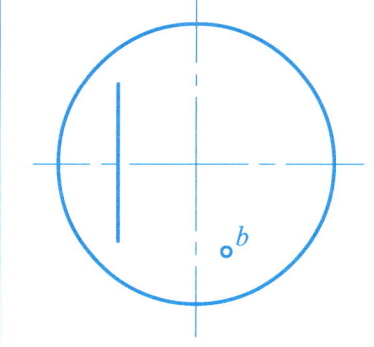

5-6　完成圆环表面上点的两面投影。

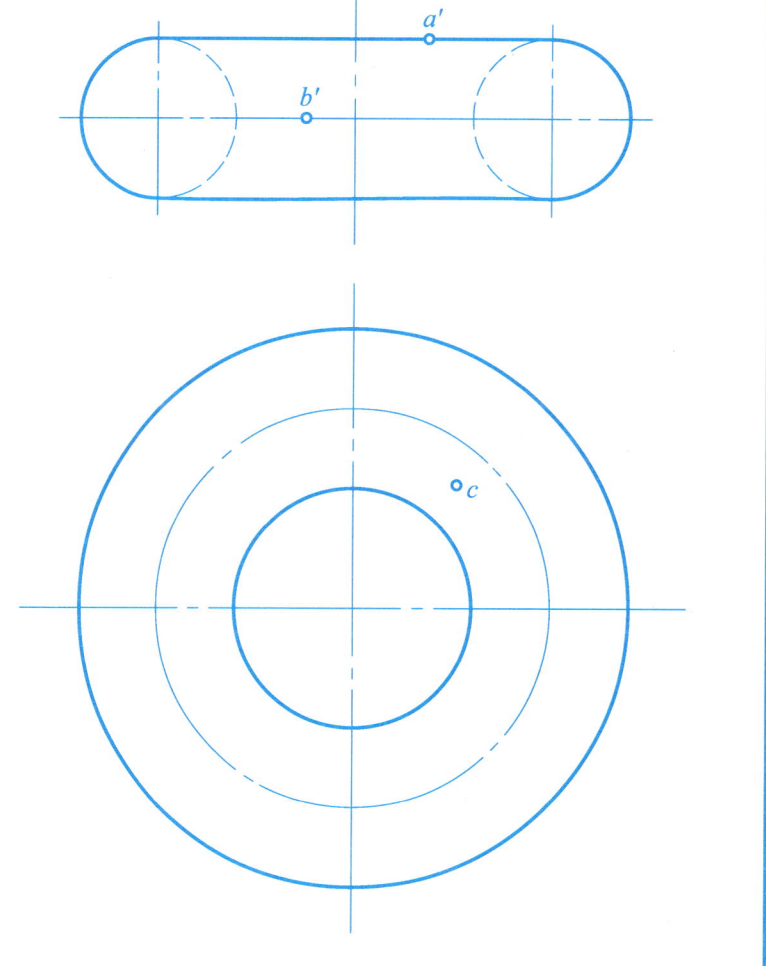

5-7　完成截割四棱柱的*W*面投影，并补作*H*面投影。

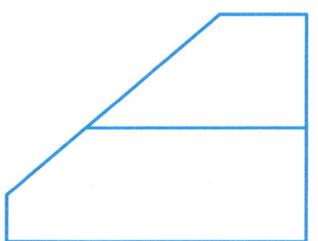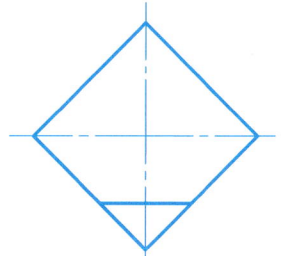

5-8　完成截割三棱柱的*H*面投影，并补作*W*面投影。

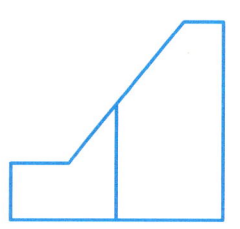

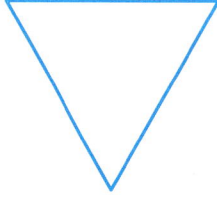

5-9　求作截割四棱柱的*W*面投影。

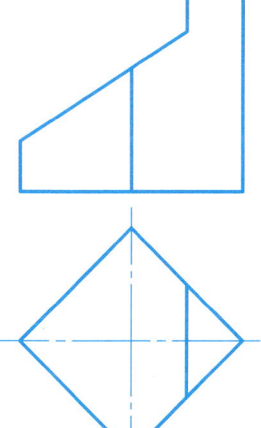

5-10　求平面*P*与六棱柱的截交线，并补作*W*面投影。

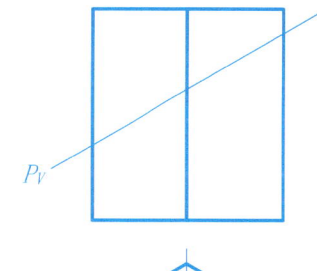

P_V

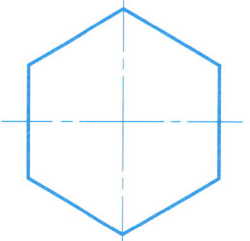

5-11　完成下列截割立体的*H*面投影，并补作*W*面投影。

（1）

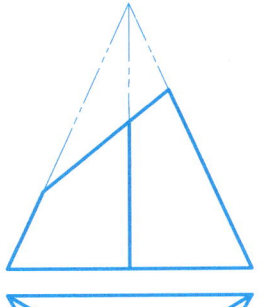
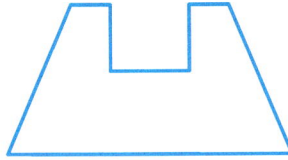

（2）

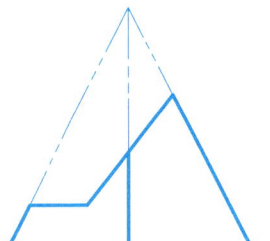
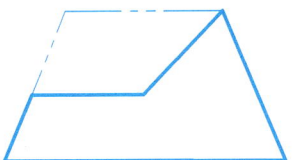

（3）

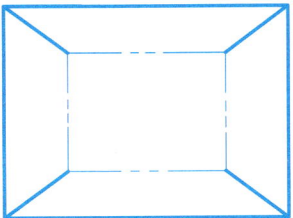

（4）

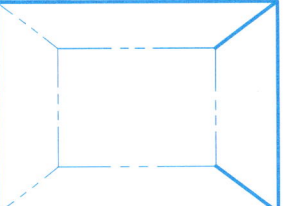

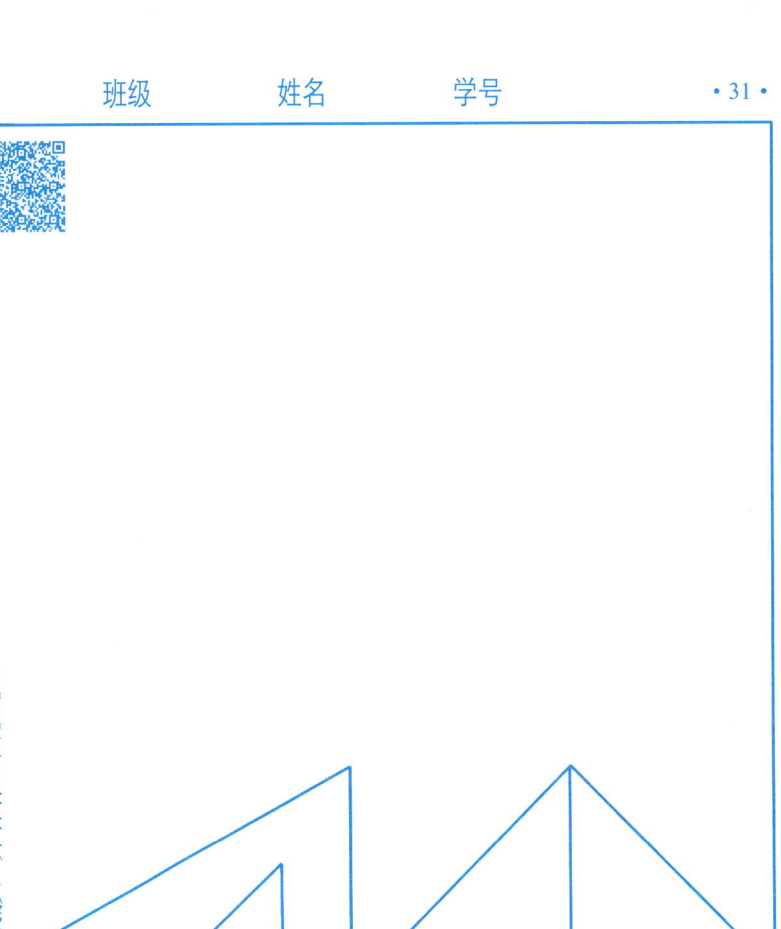

5-12　求作截割五棱柱的 W 面投影。

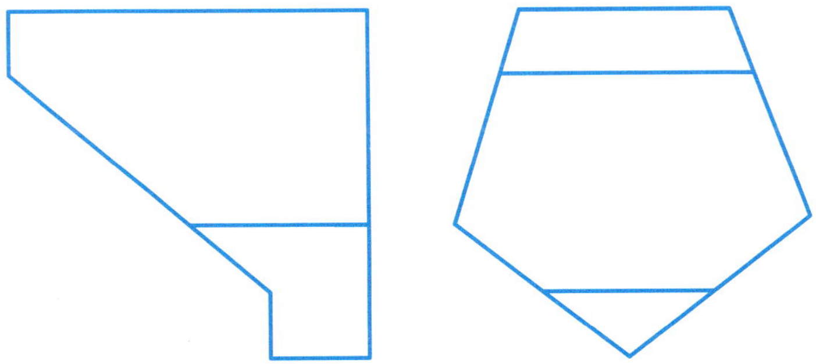

5-13　完成截割四棱柱的 H 面投影，并补作 W 面投影。

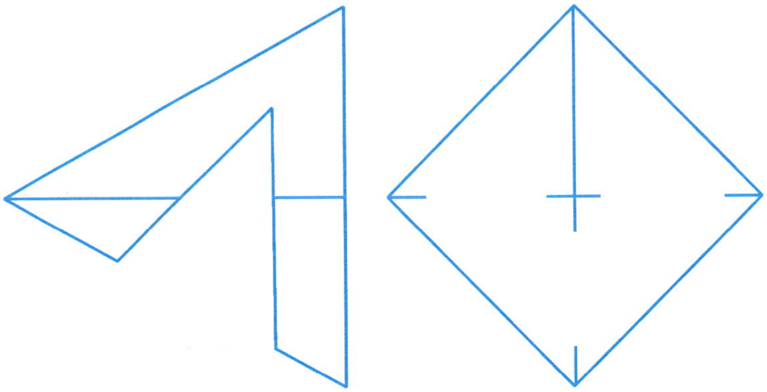

5-14　求作截割四棱柱的 *W* 面投影。

5-15　完成截割四棱锥的 *H* 面投影，并补作 *W* 面投影。

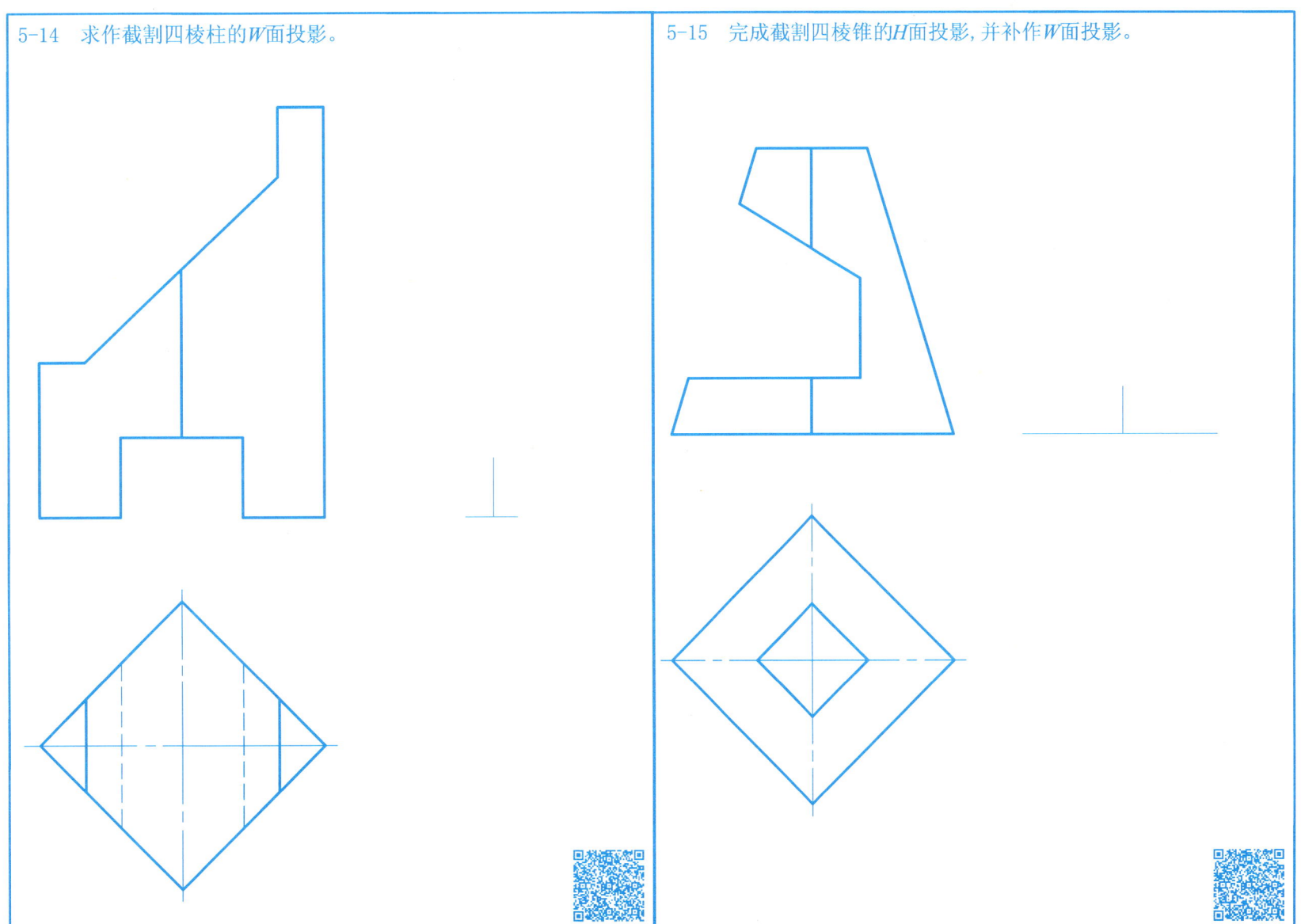

5-16　求作切槽圆柱的*W*面投影。

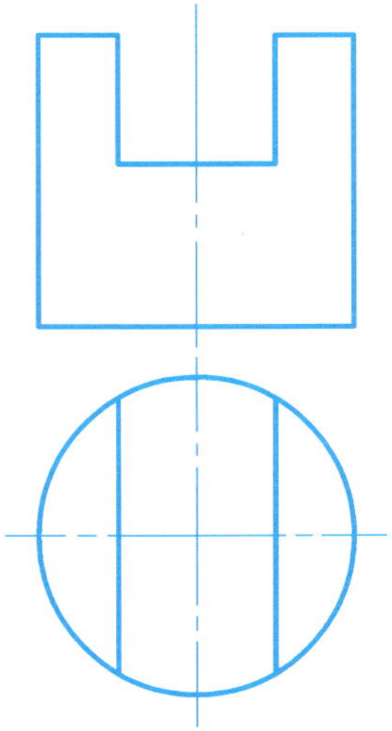

5-17　求作穿孔圆柱的*W*面投影。

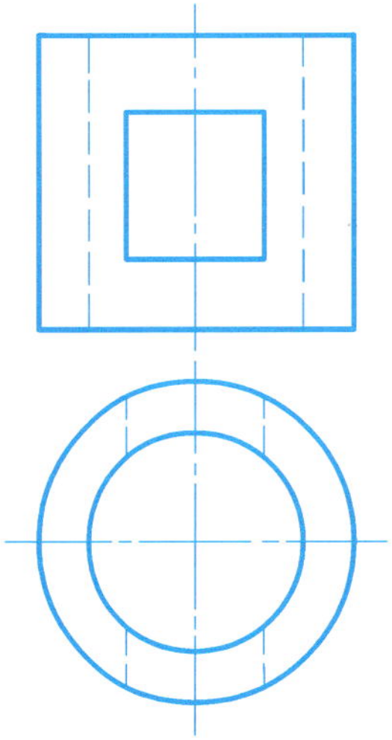

5-18　求作截割圆柱的*H*面投影。

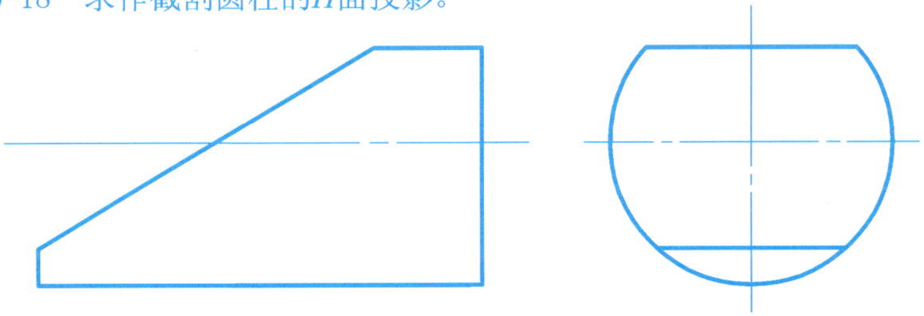

5-19　求作穿孔圆柱的*W*面投影。

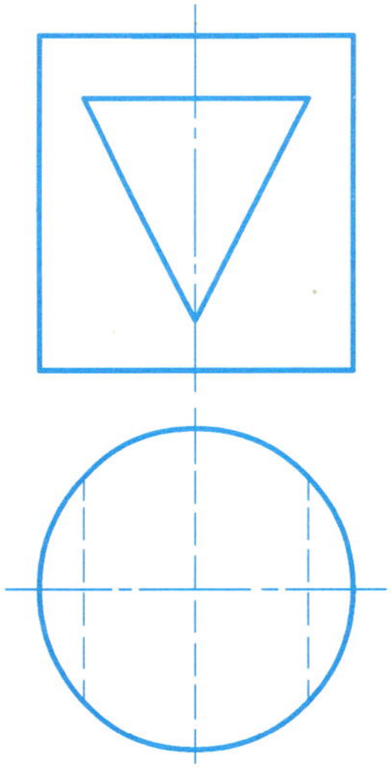

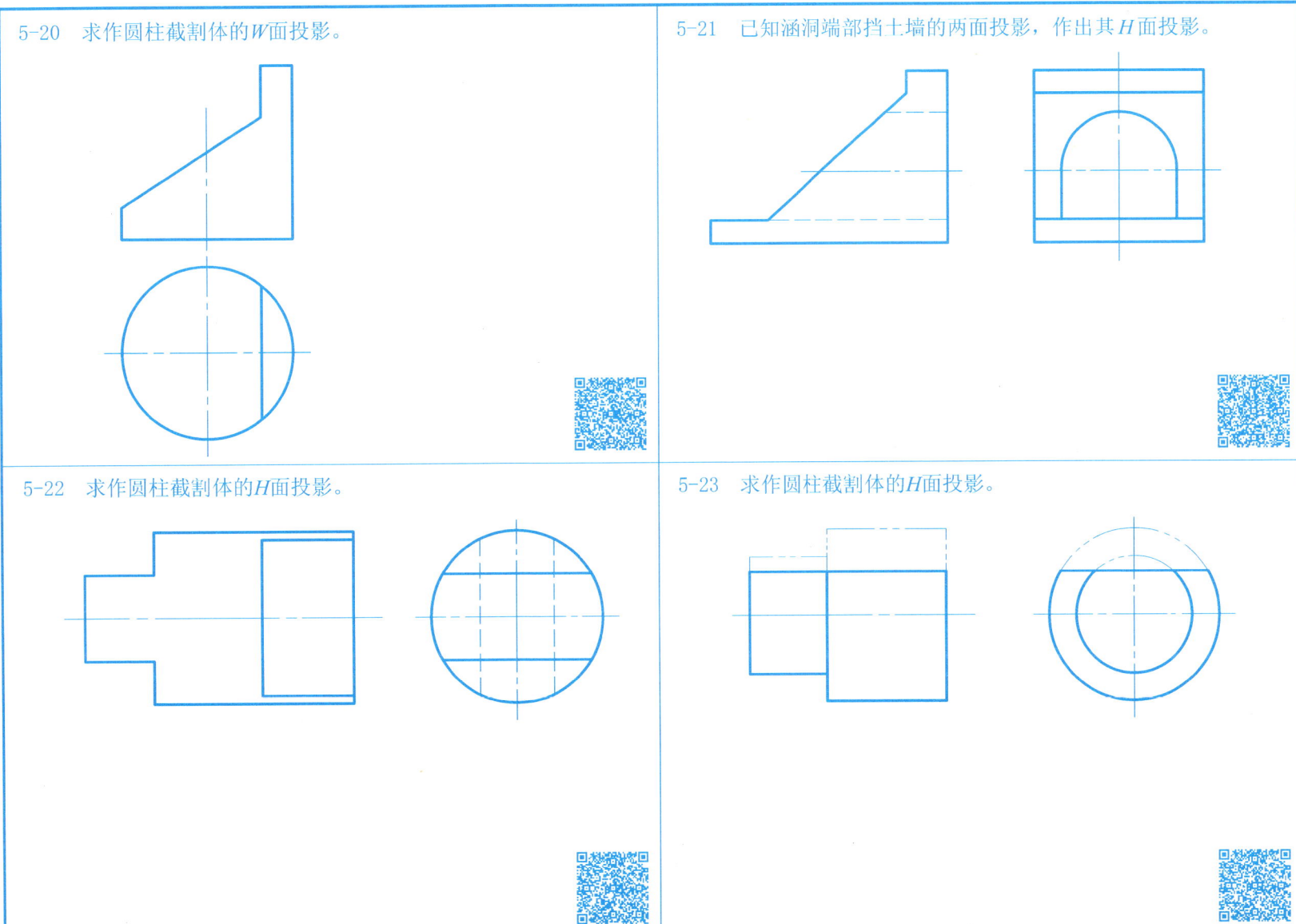

5-20　求作圆柱截割体的 W 面投影。

5-21　已知涵洞端部挡土墙的两面投影，作出其 H 面投影。

5-22　求作圆柱截割体的 H 面投影。

5-23　求作圆柱截割体的 H 面投影。

5-24　完成被截割圆台的H面投影，并补作W面投影。

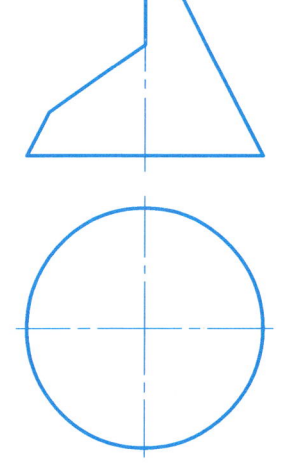

5-25　完成圆锥截割体的W面投影，并补作H面投影。

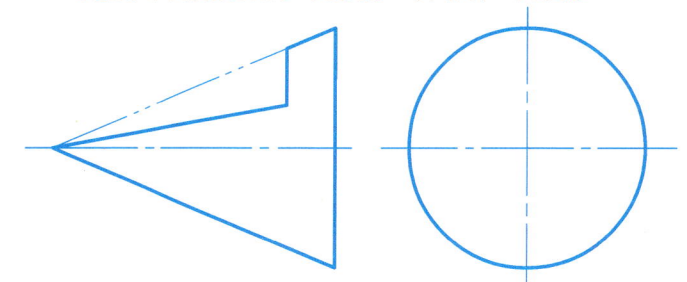

5-26　完成半球截割体的H面投影，并补作W面投影。

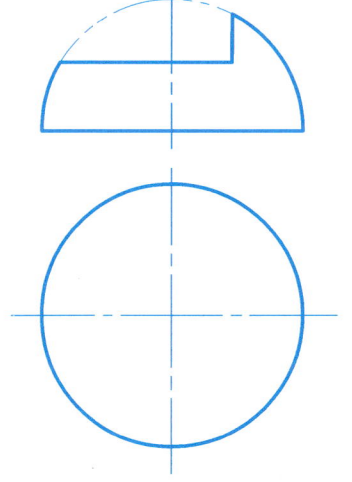

5-27　求作圆球截割体的H面和W面投影。

5-28　完成被截割立体的*H*面投影。

5-29　完成被截割立体的*H*面投影。

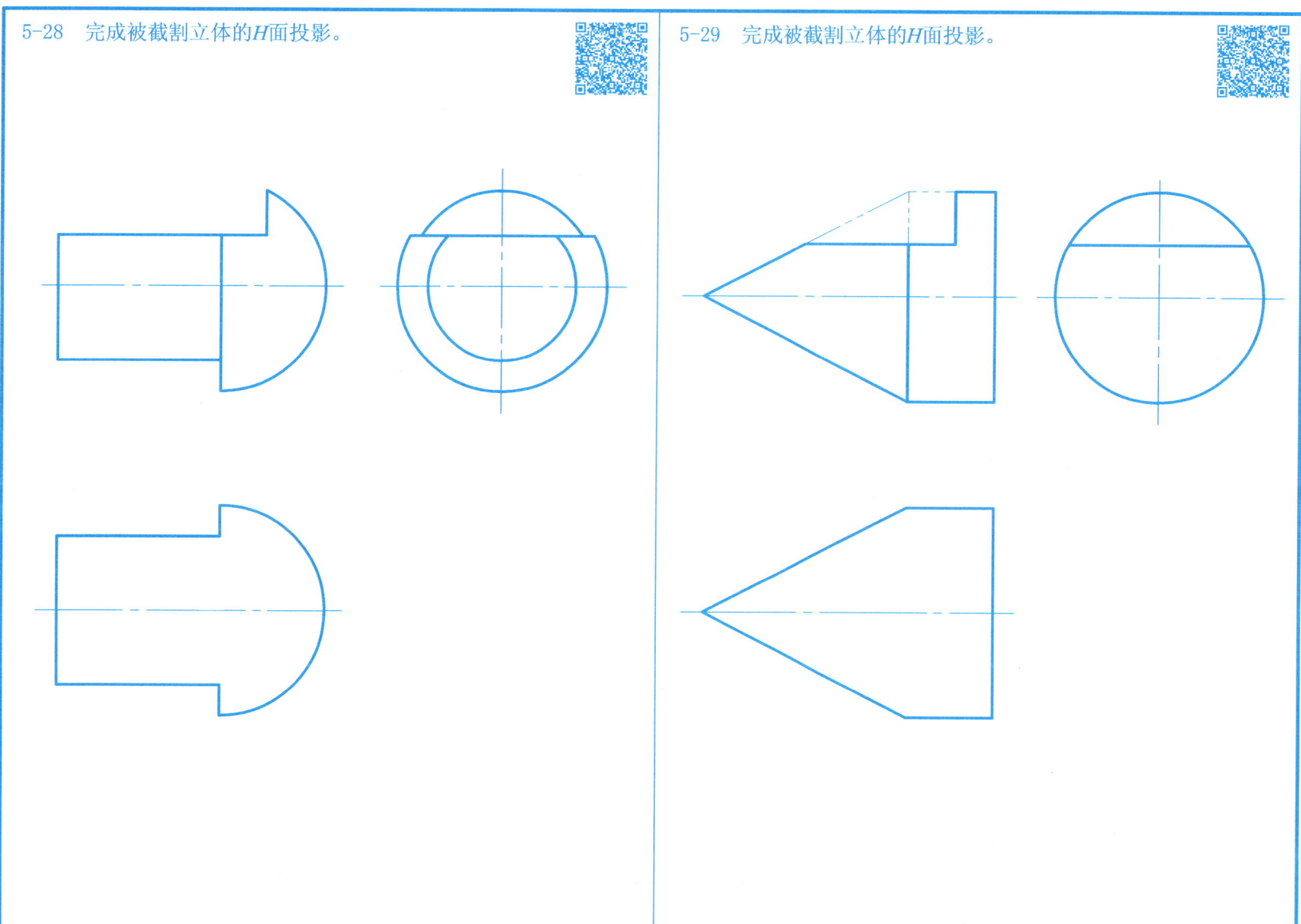

6-1 已知一圆的V面、H_1面投影，求作圆的水平投影。

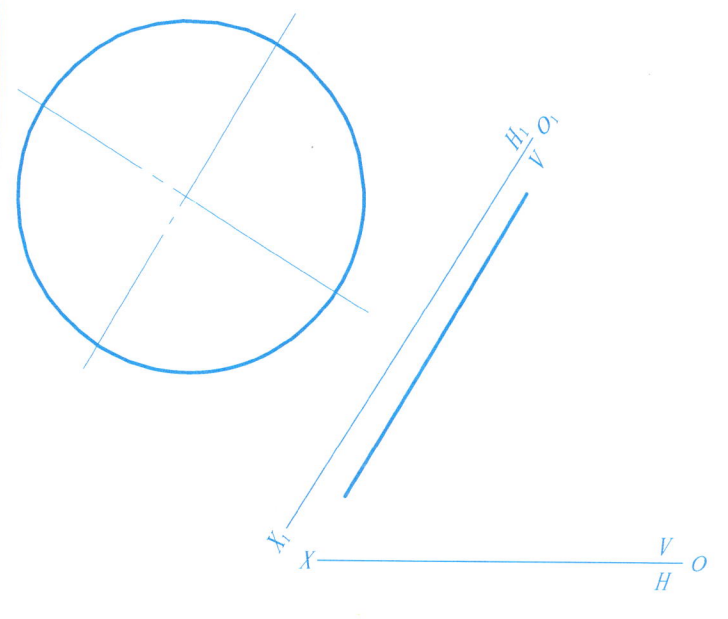

6-2 已知圆柱螺旋线(右旋)导圆柱和导程L，求作其投影图。

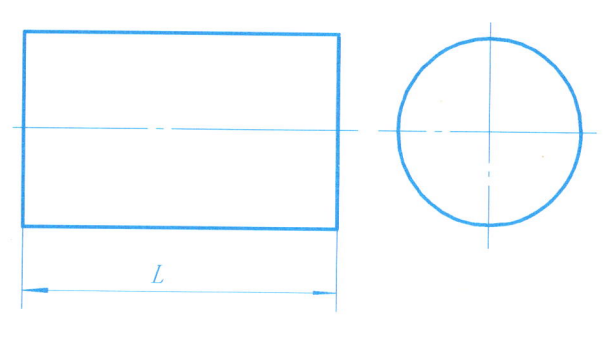

6-3 已知锥状面的导线是AB、CD，导平面是W面，试绘制其V面、H面、W面的投影。

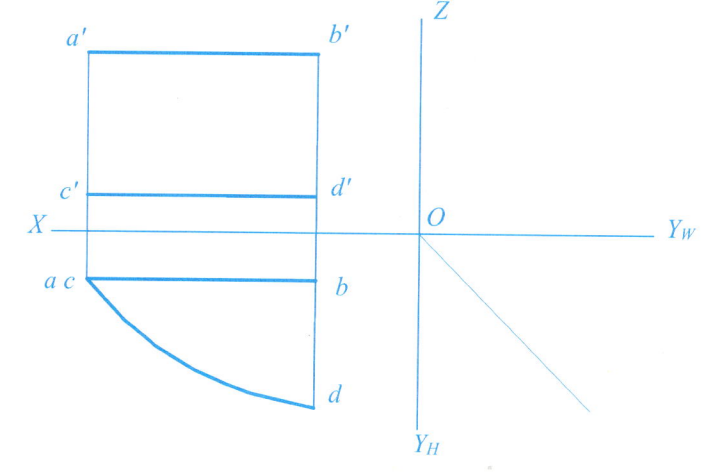

6-4　以直线 AB 和曲线 CD 为导线，V 面为导平面，试绘出锥状面的投影图。

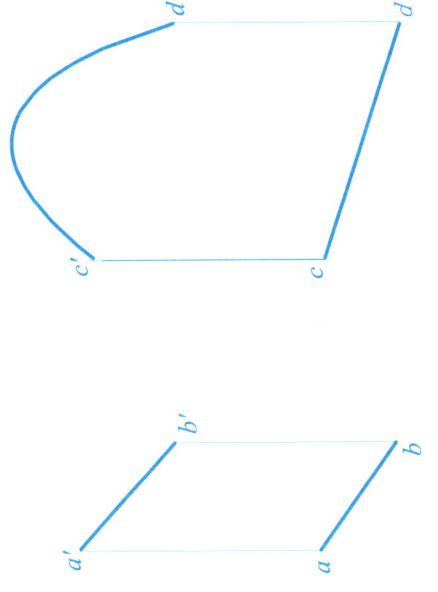

6-5　图示拱门的拱顶是以水平面为导平面，以半圆和半椭圆为曲导线形成的柱状面，试画出曲面上素线的 V 面、H 面投影及拱门的侧面投影。

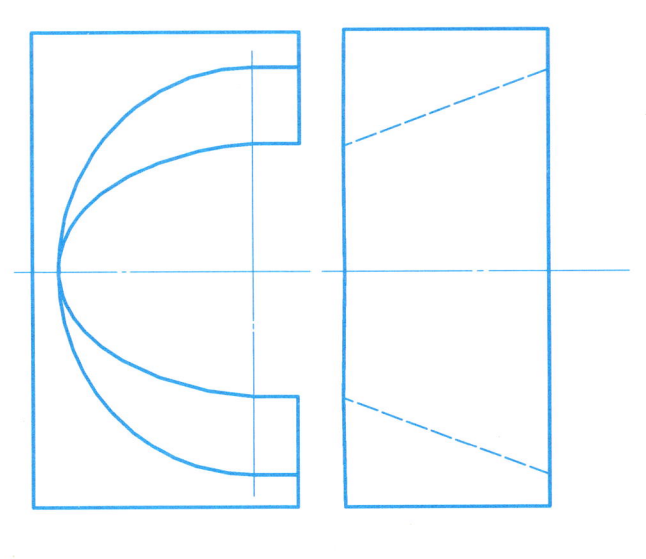

6-6　已知单叶回转双曲面的直母线 *AB* 和旋转轴 *O* 的投影，画出曲面上的12条素线，求作其投影。

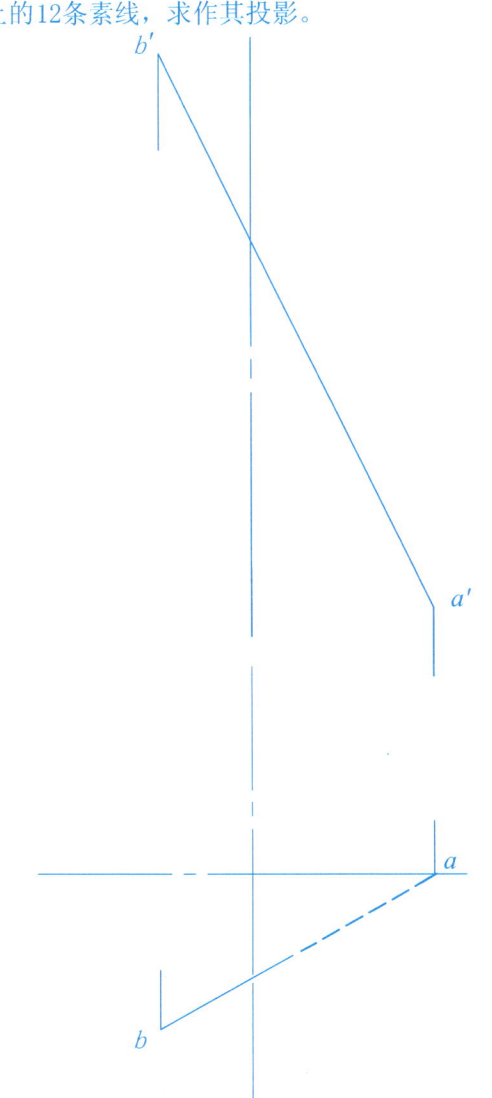

6-7　设螺旋输送叶片为旋转面，已知传动轴的两面投影，螺旋直径 ϕ，导程 *L*，右旋，求作平螺旋面的投影图。

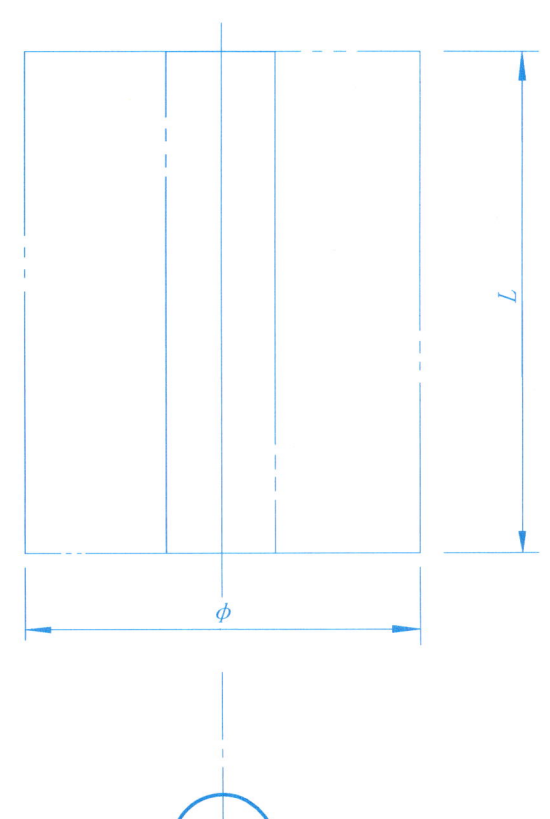

L

6-8　已知内、外圆柱直径 D、D_1，螺距 L，踏步高和梯板竖直板厚如图所示，试绘制出右旋螺旋楼梯的 V 面投影。

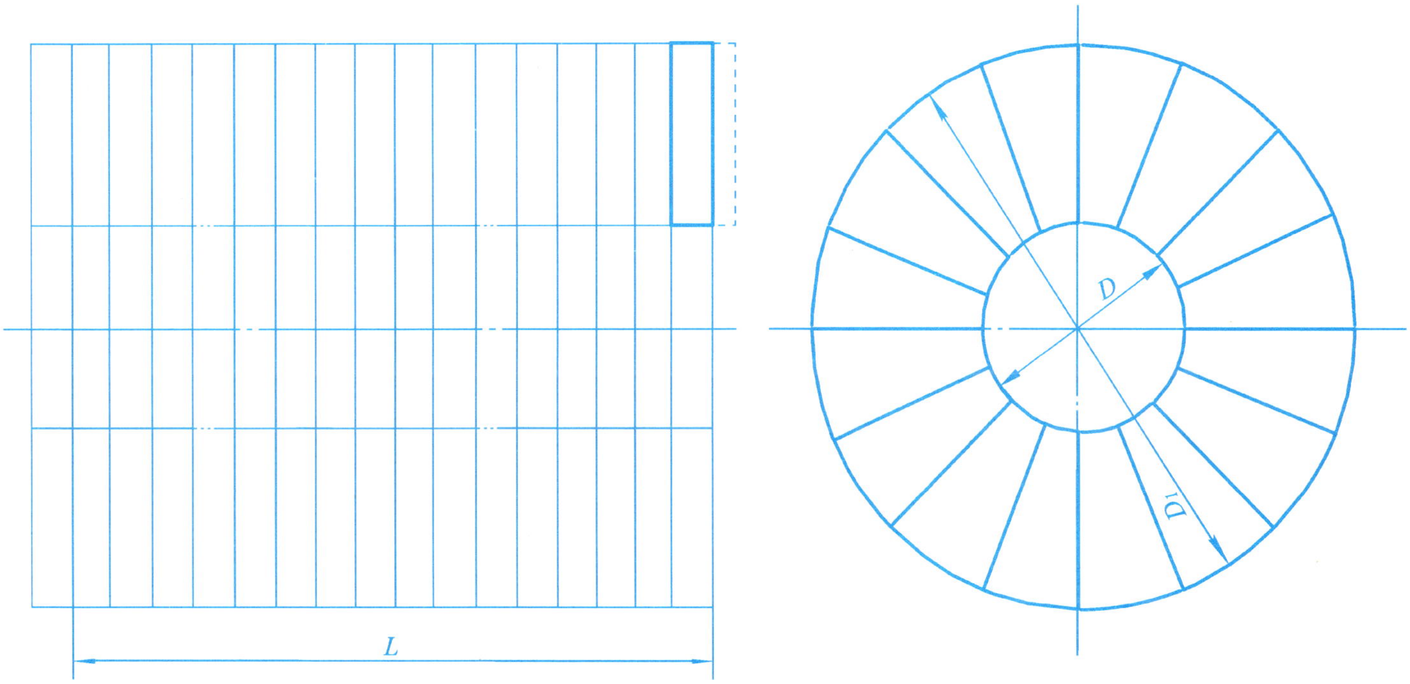

D

D_1

6-9 已知直导线AB、CD的投影，V面为导平面，求作双曲抛物面的投影。

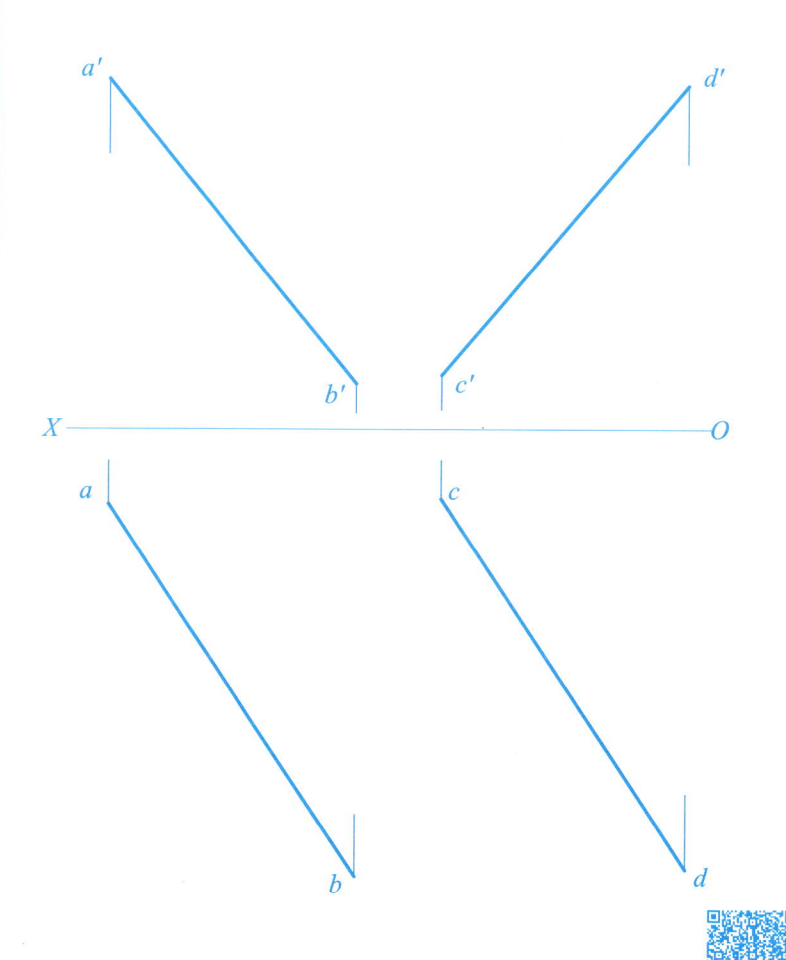

6-10 完成由平螺旋面组成的楼梯扶手弯头的V面投影。

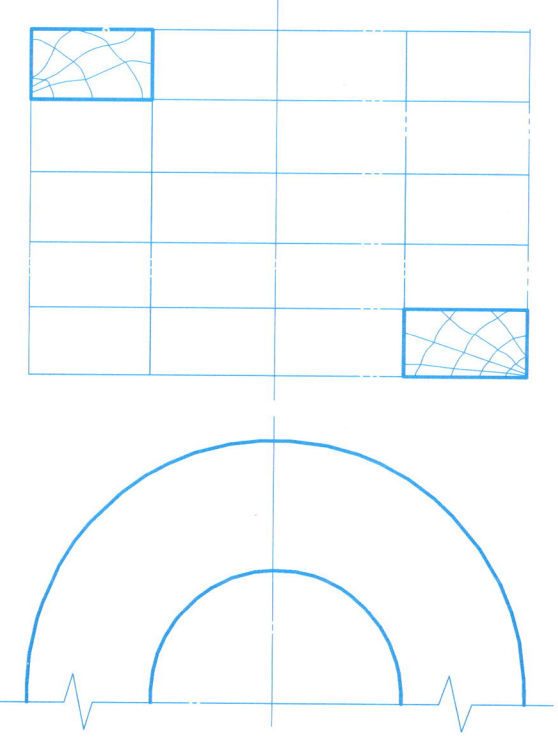

7 两立体相交

7-1 求作两三棱柱的表面交线。

7-2 求作三棱柱与三棱锥的表面交线。

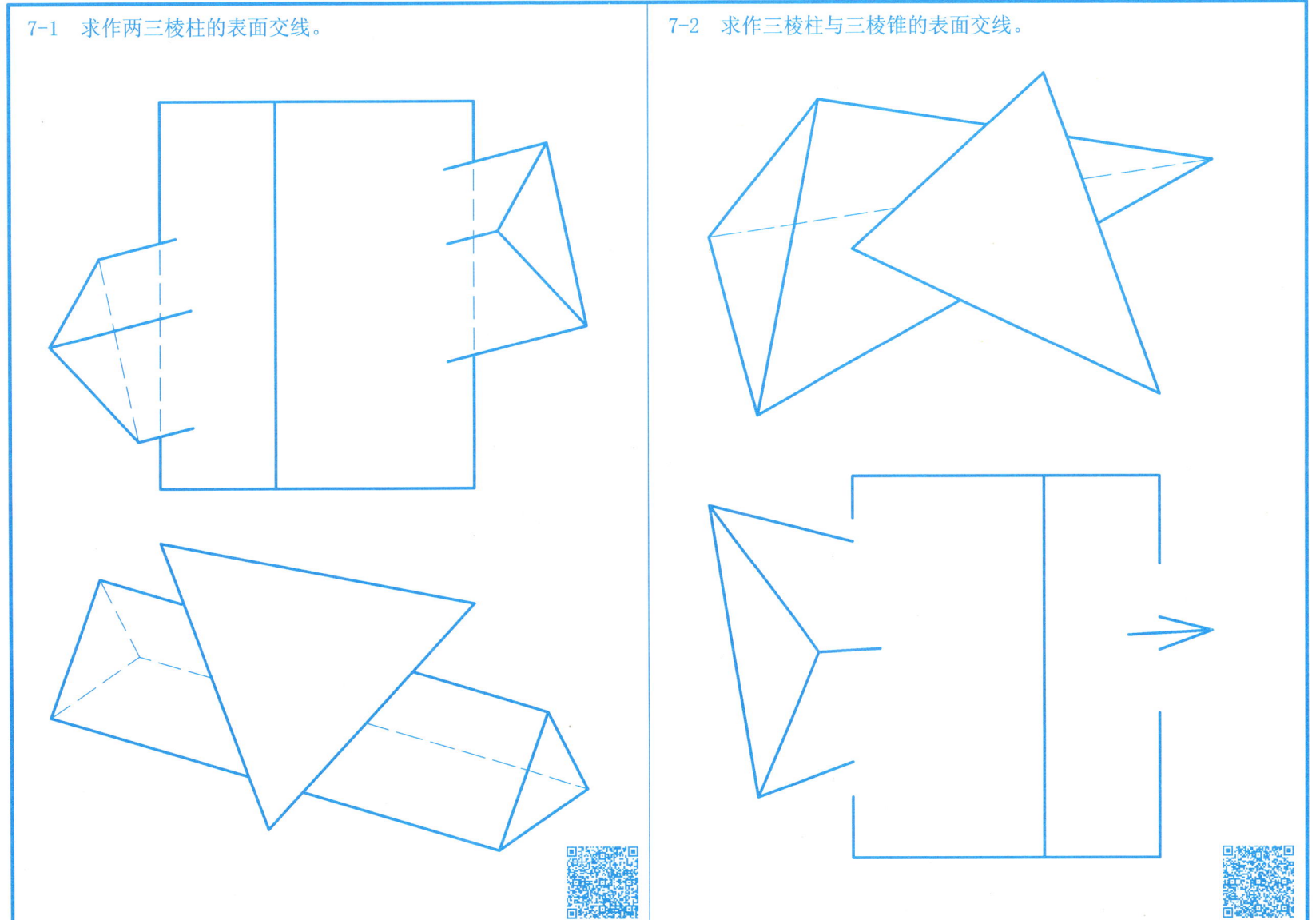

7-3　三棱柱与四棱锥相贯，完成其水平投影，补作侧面投影。

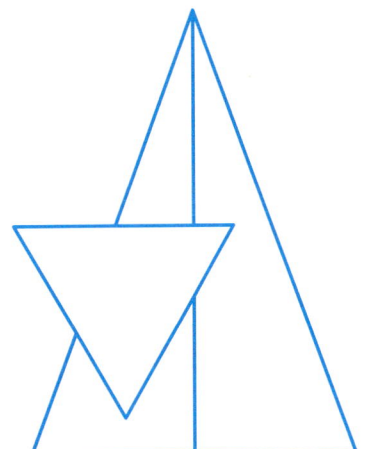

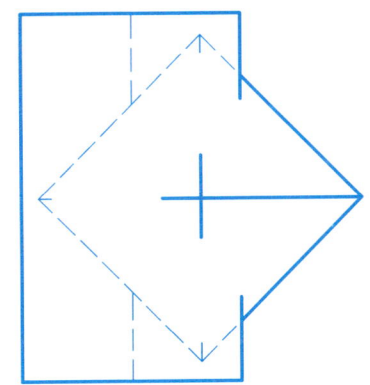

7-4　完成带切口四棱锥的水平投影，补作侧面投影。

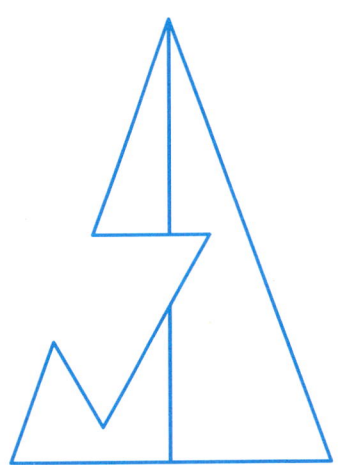

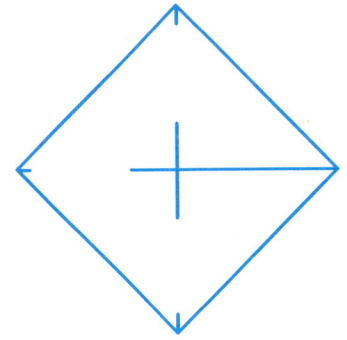

7-5　求作四棱柱与三棱锥的表面交线。

7-6　求作四棱柱与六棱锥的表面交线。

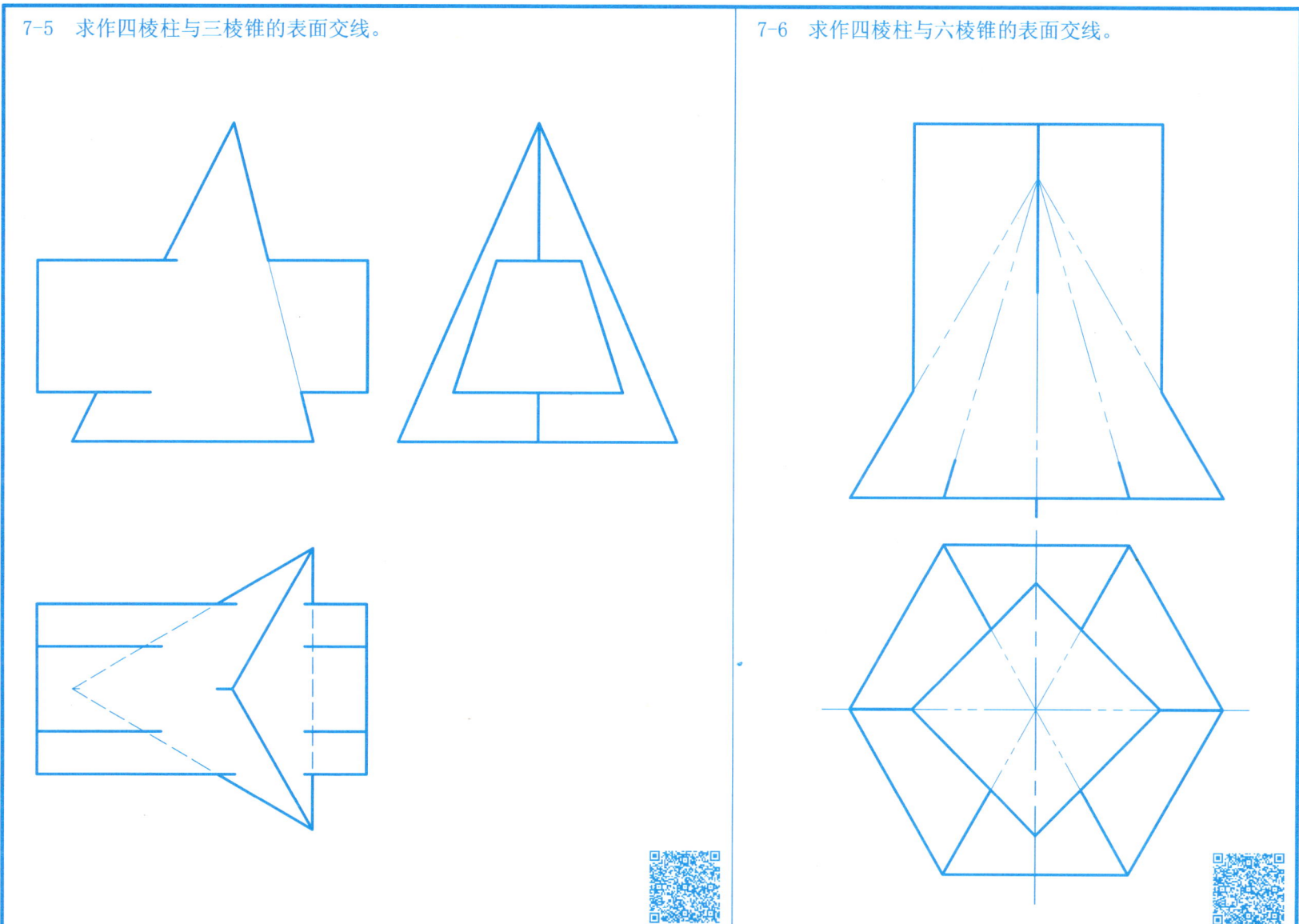

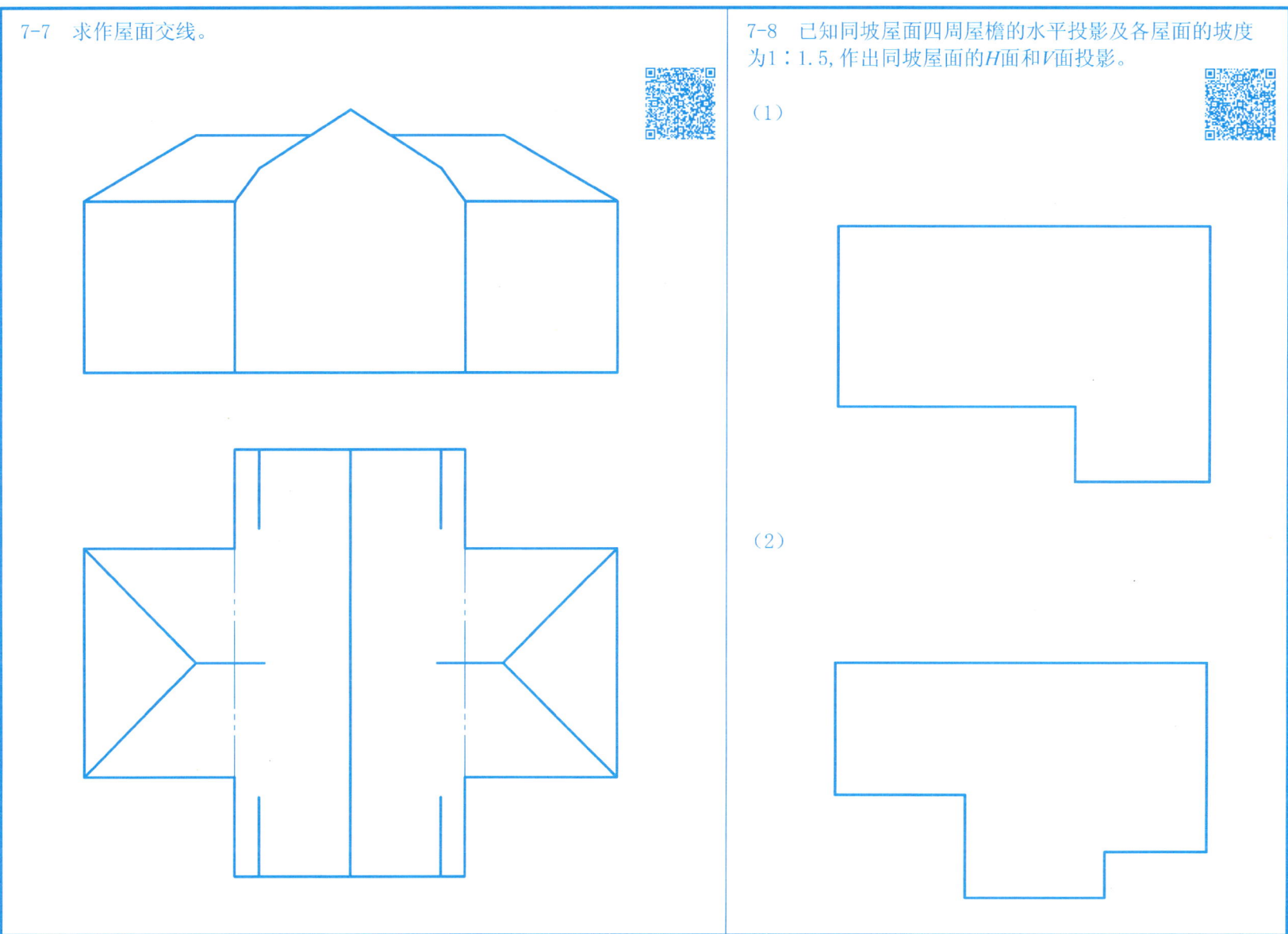

7-7　求作屋面交线。

7-8　已知同坡屋面四周屋檐的水平投影及各屋面的坡度为1：1.5,作出同坡屋面的H面和V面投影。

（1）

（2）

7-9　求作三棱柱与圆柱的表面交线。

7-10　求作穿孔圆柱的 *W* 面投影。

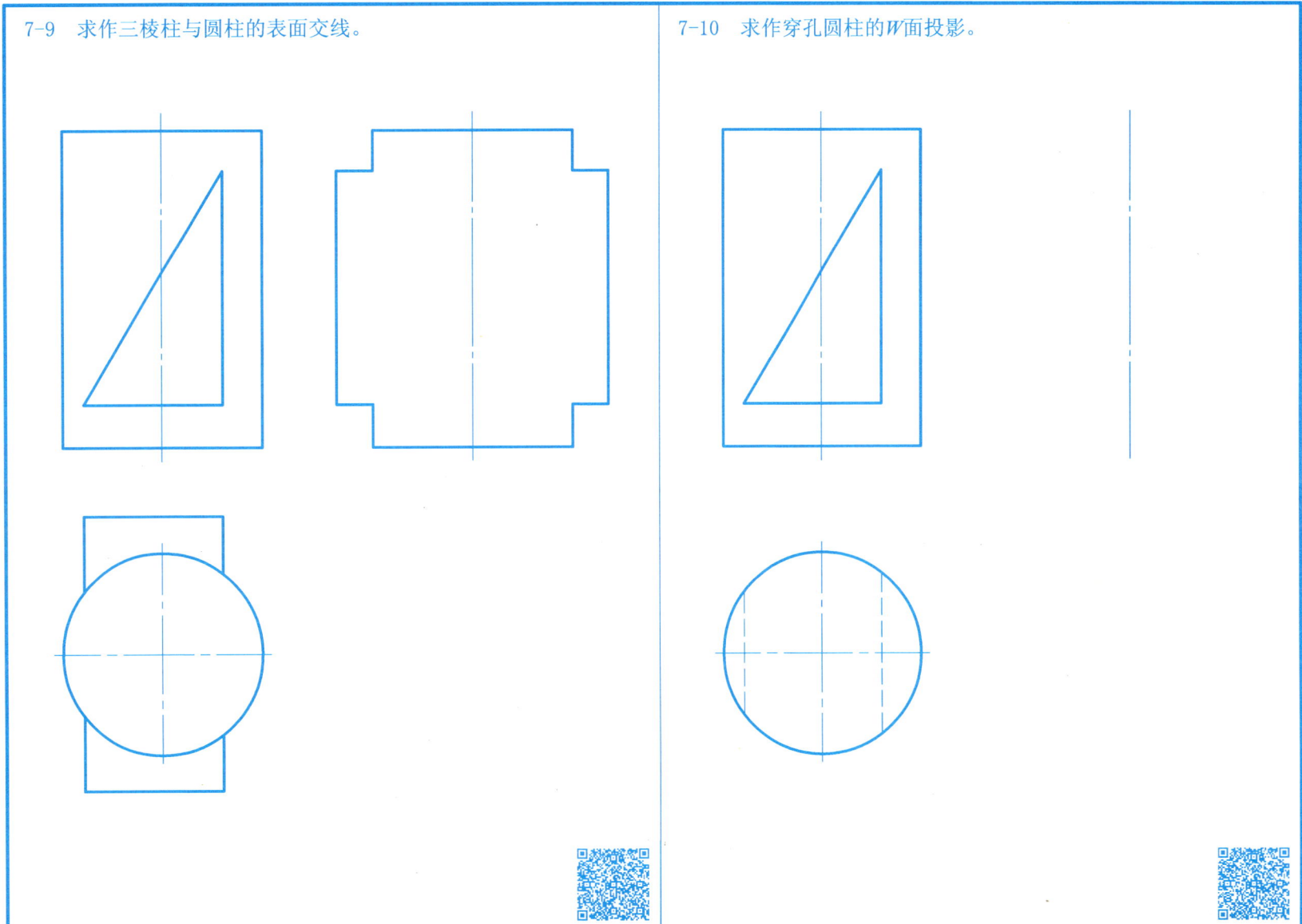

7-11　求作三棱柱与半球的表面交线。

7-12　求作三棱柱与圆锥的表面交线。

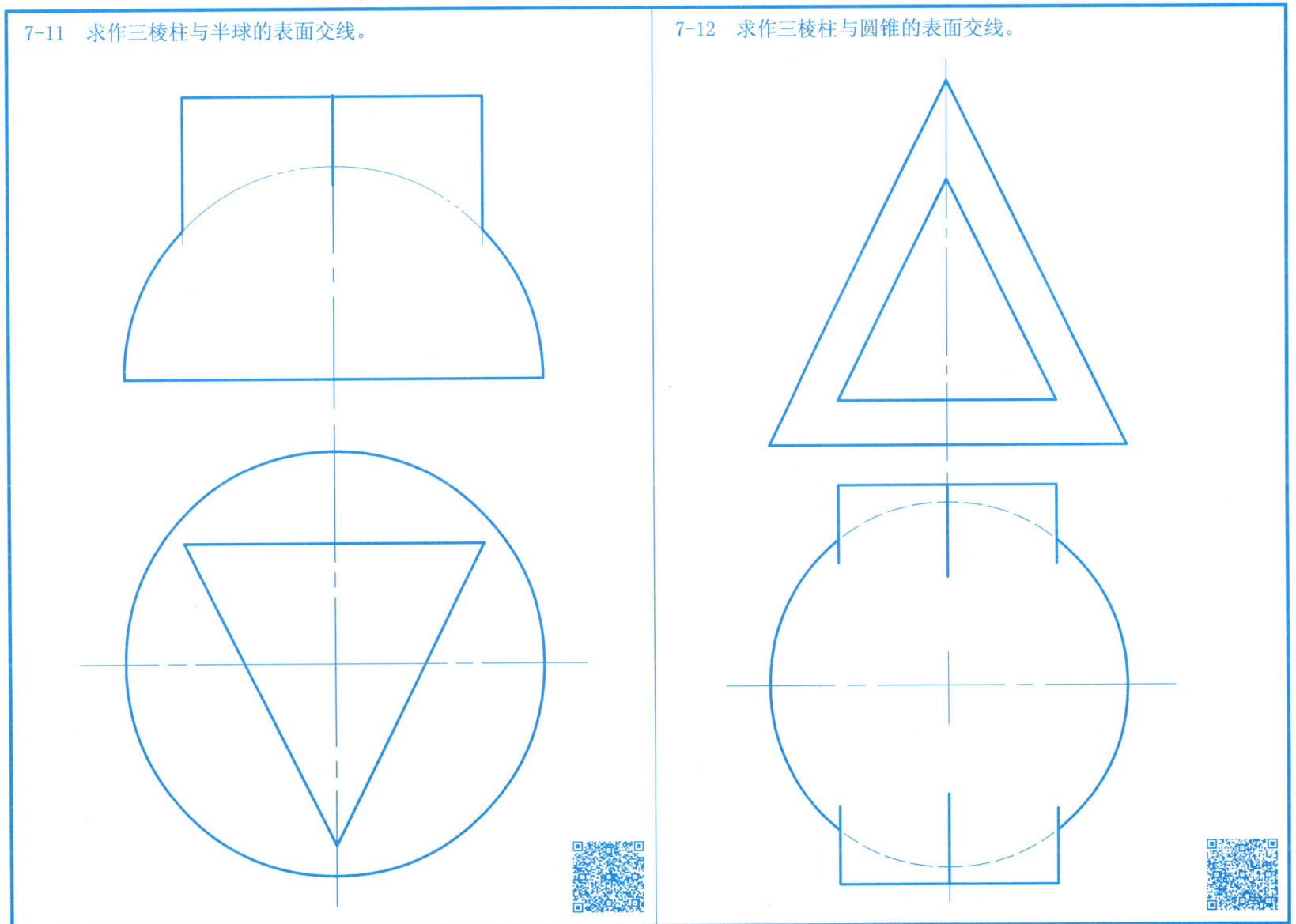

7-13　求作形体的相贯线。

7-14　完成穿孔半圆柱壳的V面投影。

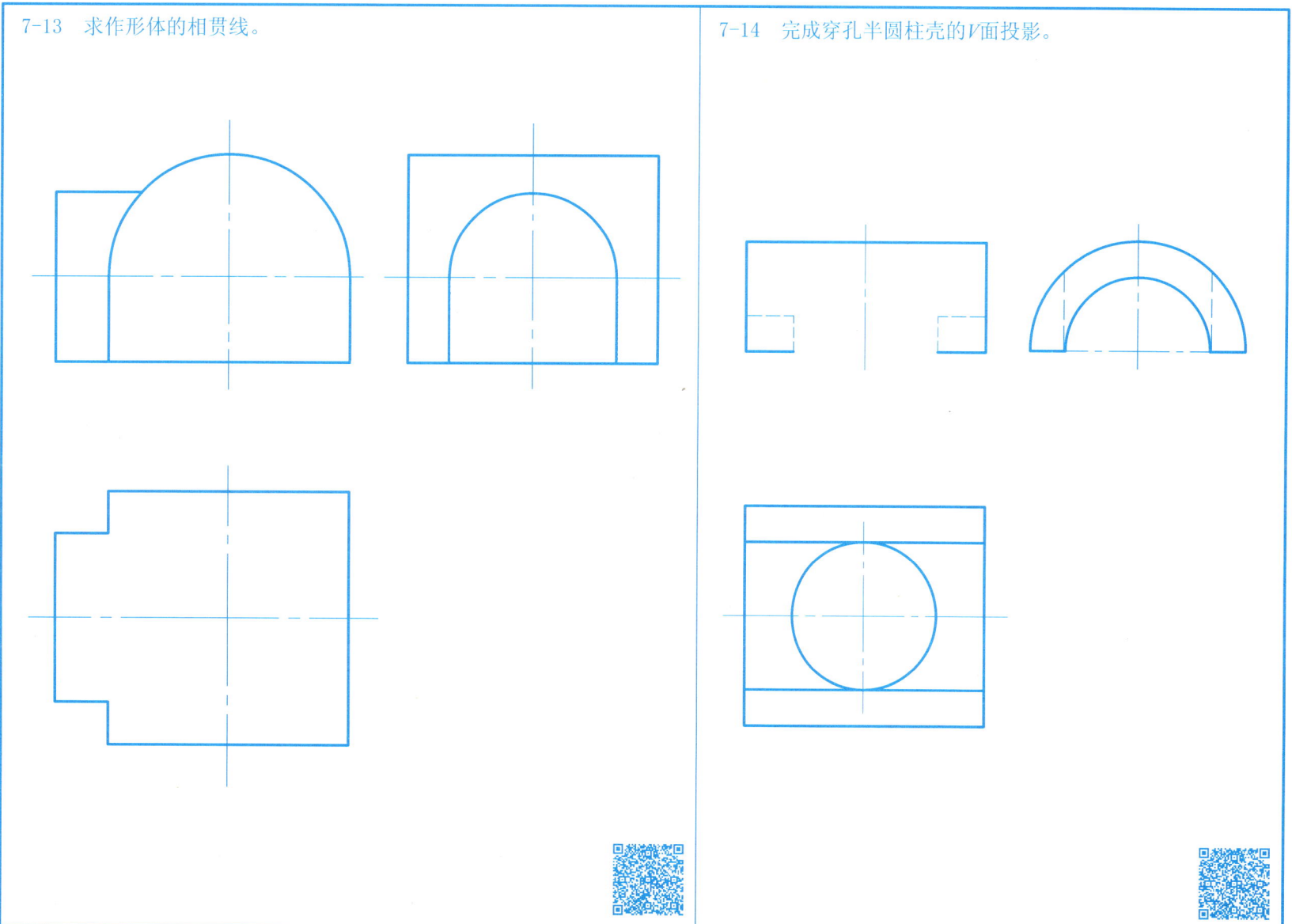

7-15　求作半圆球与圆柱的相贯线。

7-16　求作圆锥与圆柱的相贯线。

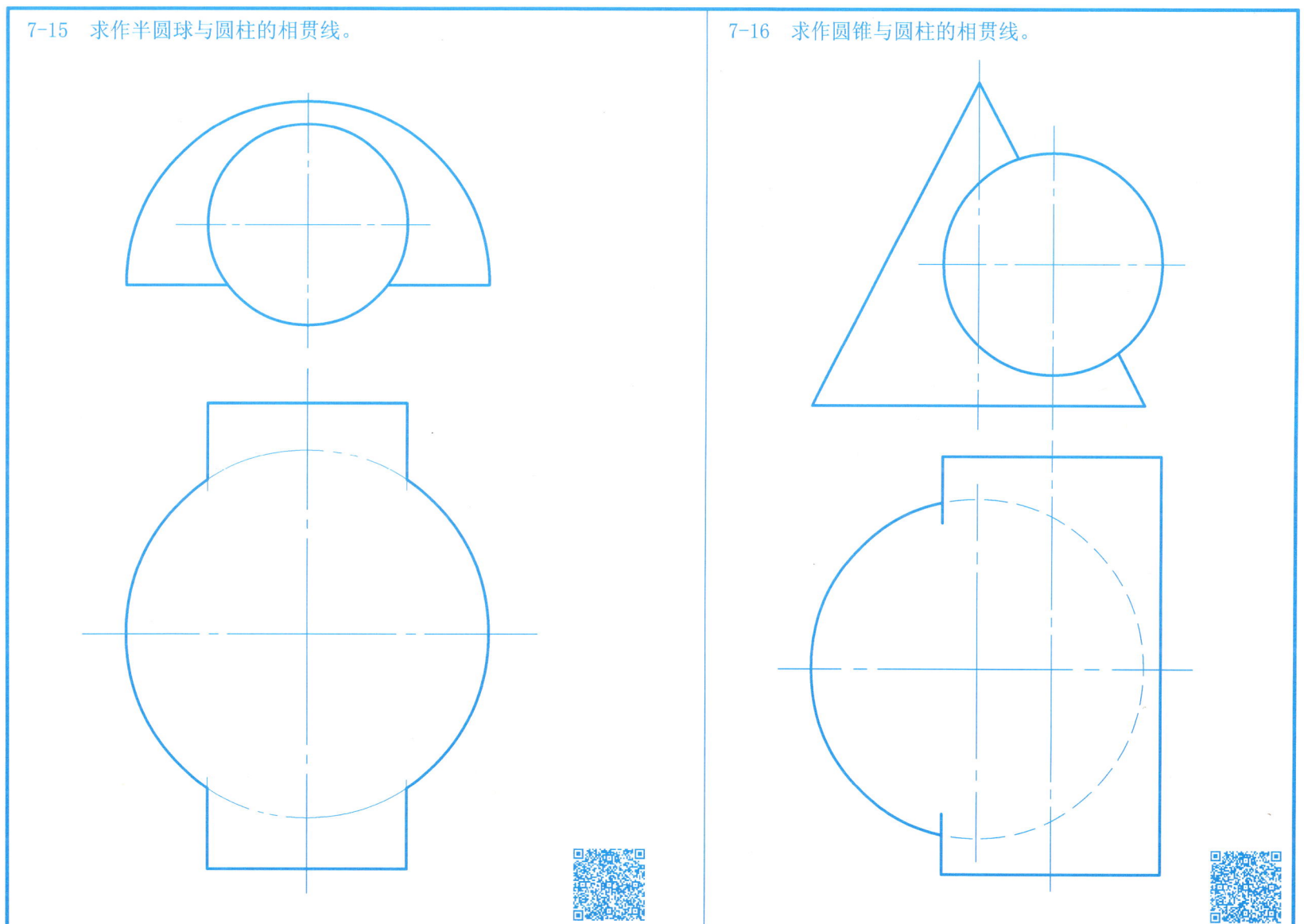

7-17　求作圆球与圆锥的相贯线。

7-18　求作斜交圆柱的相贯线。

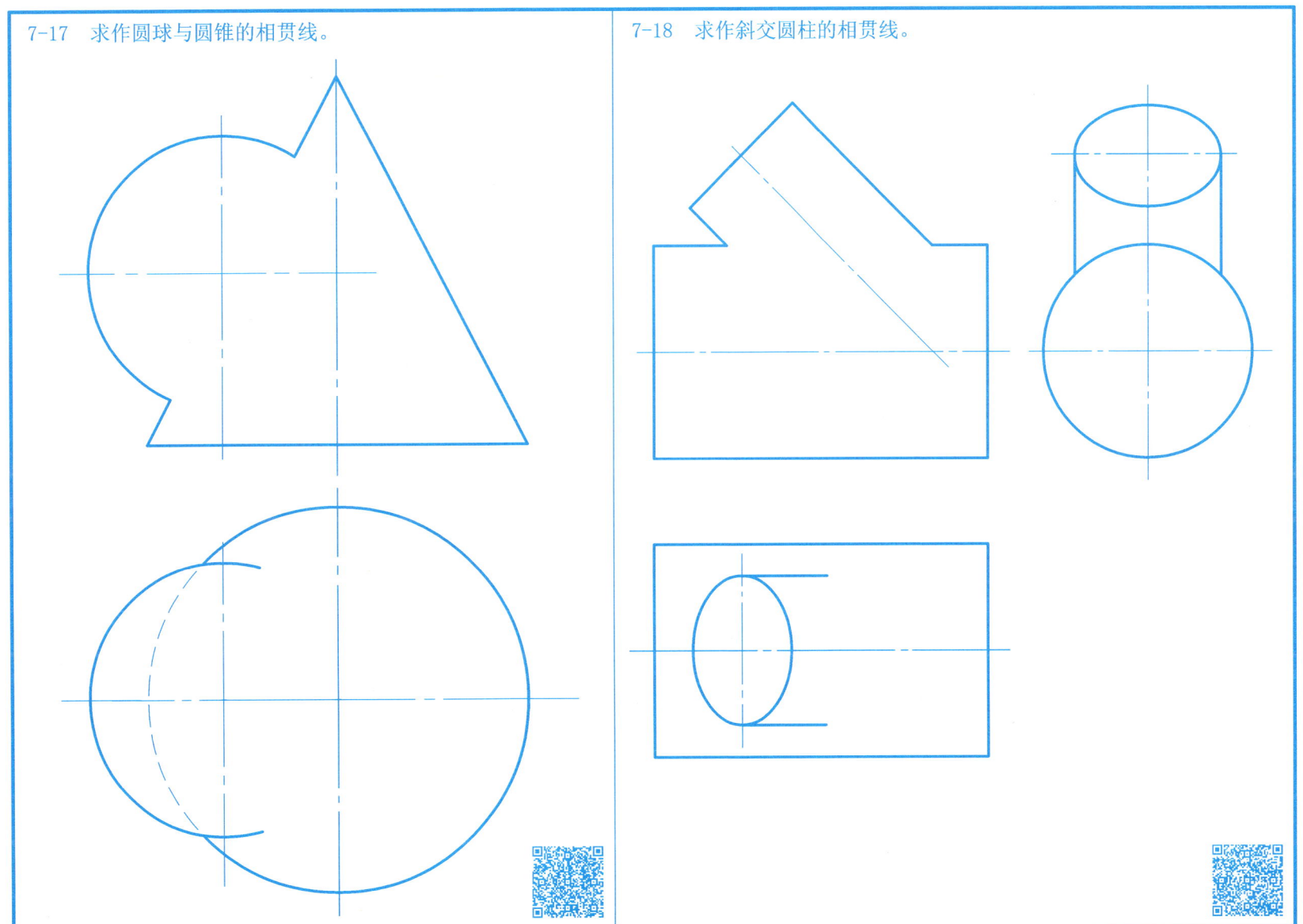

7-19　求作等直径正交半圆柱的*H*面投影。

7-20　完成等直径正交圆柱的*V*面投影。

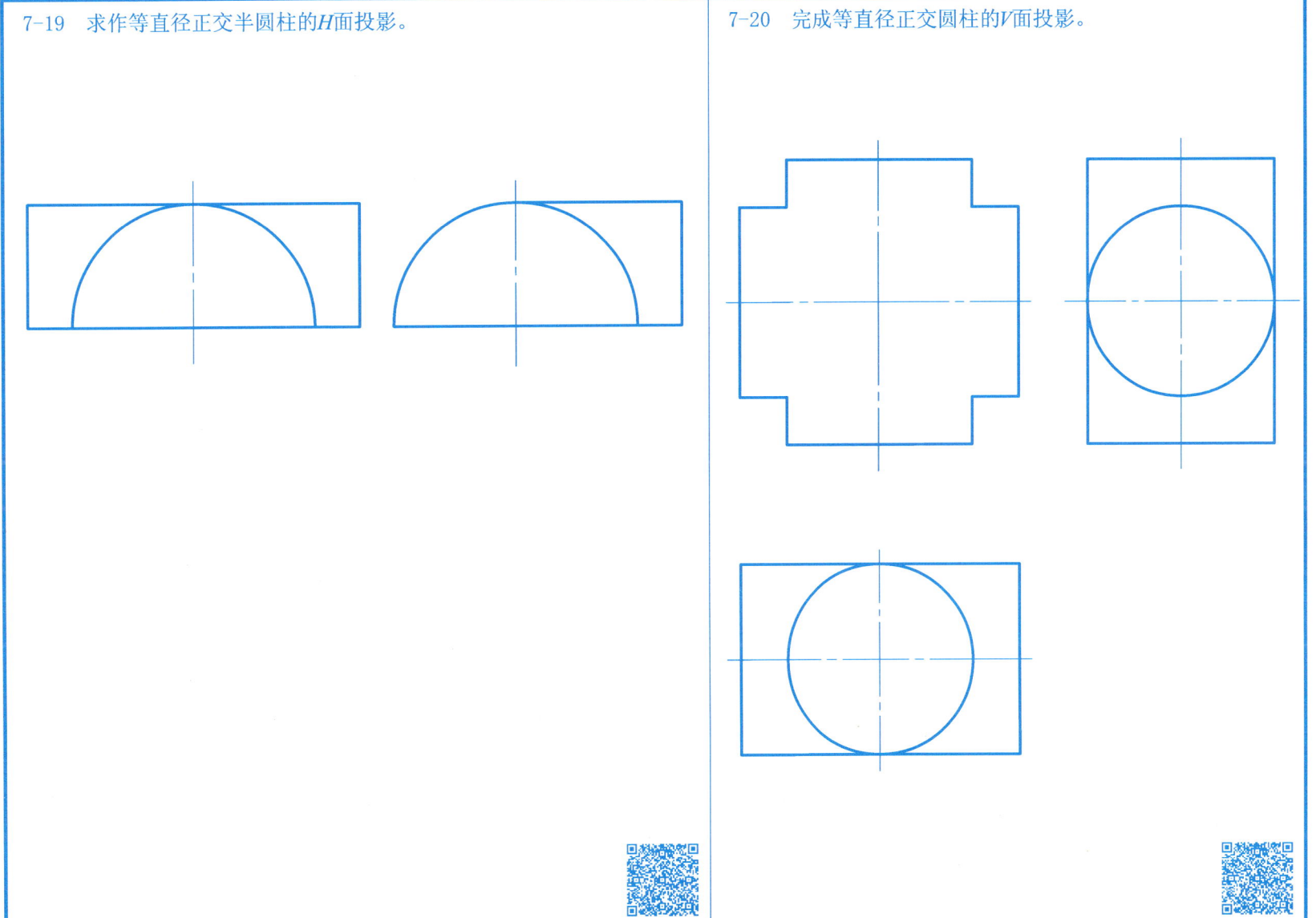

7-21　补全四通圆球的三面投影。

7-22　补画圆柱与半圆球的相贯线。

7-23　补画圆柱与圆锥的相贯线。

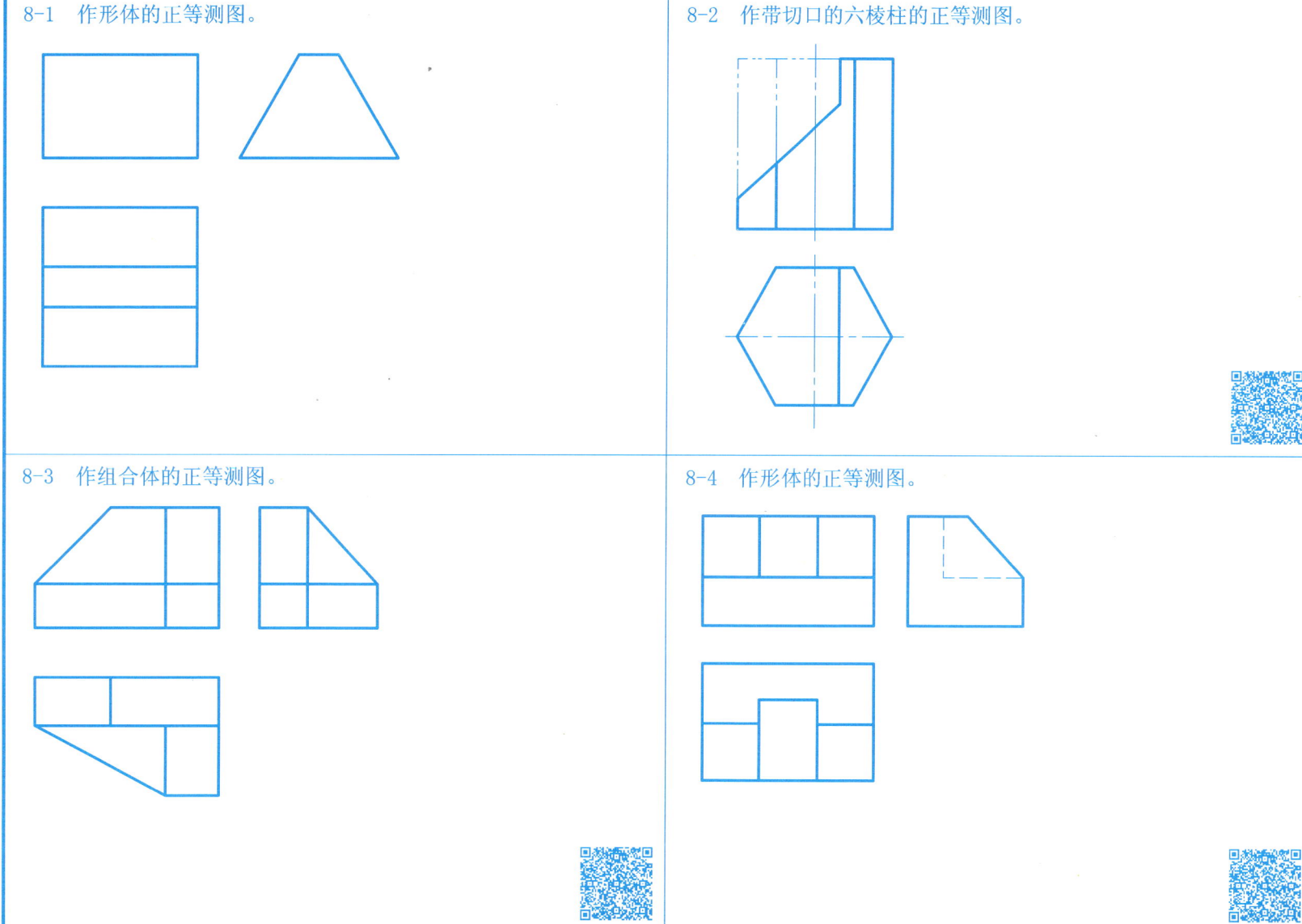

8-1　作形体的正等测图。

8-2　作带切口的六棱柱的正等测图。

8-3　作组合体的正等测图。

8-4　作形体的正等测图。

8-5　作梁、板、柱节点的仰视正等测图。

8-6　作台阶的正等测图。

8-7　作组合体的正等测图。

8-8　作形体的正等测图。

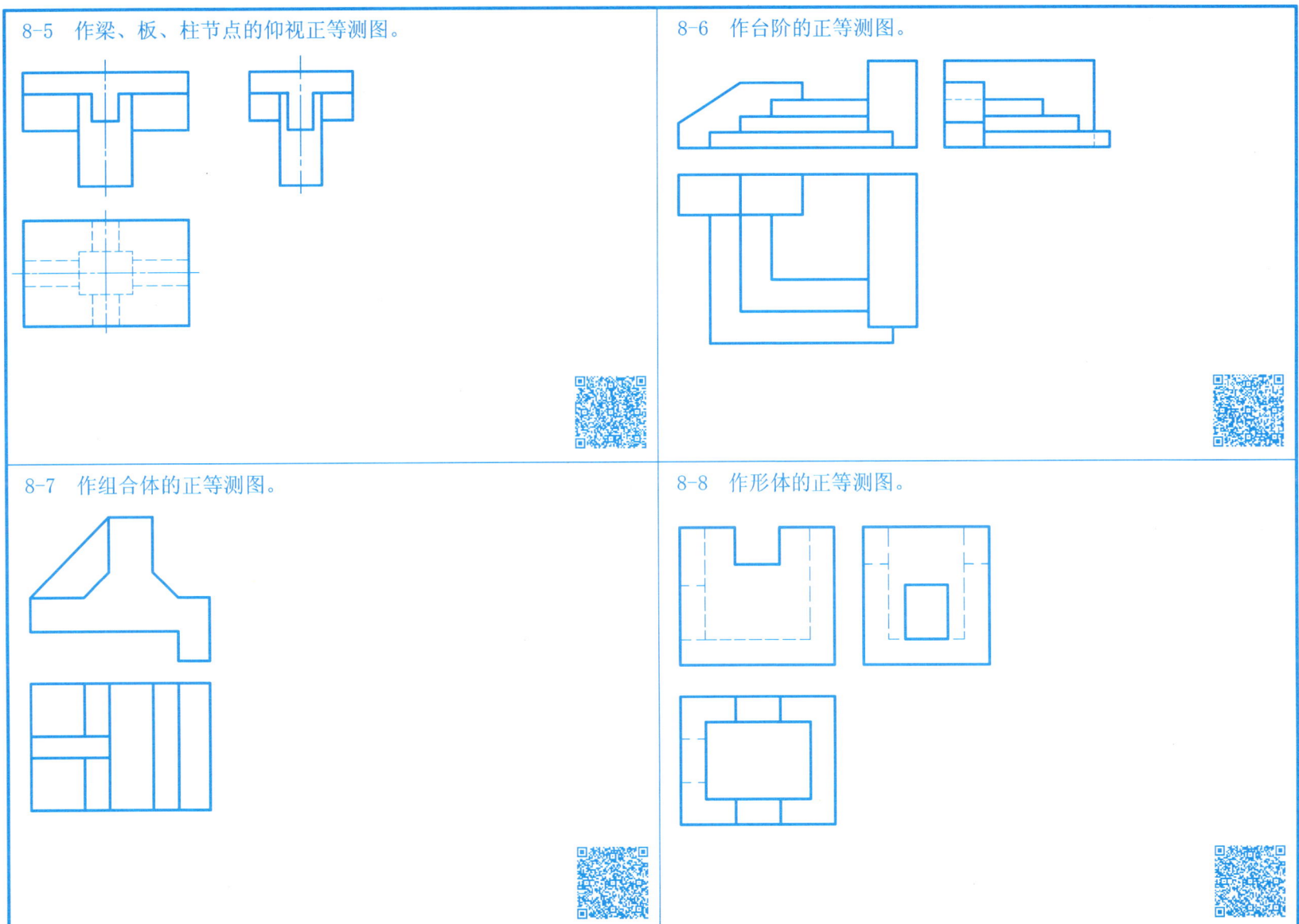

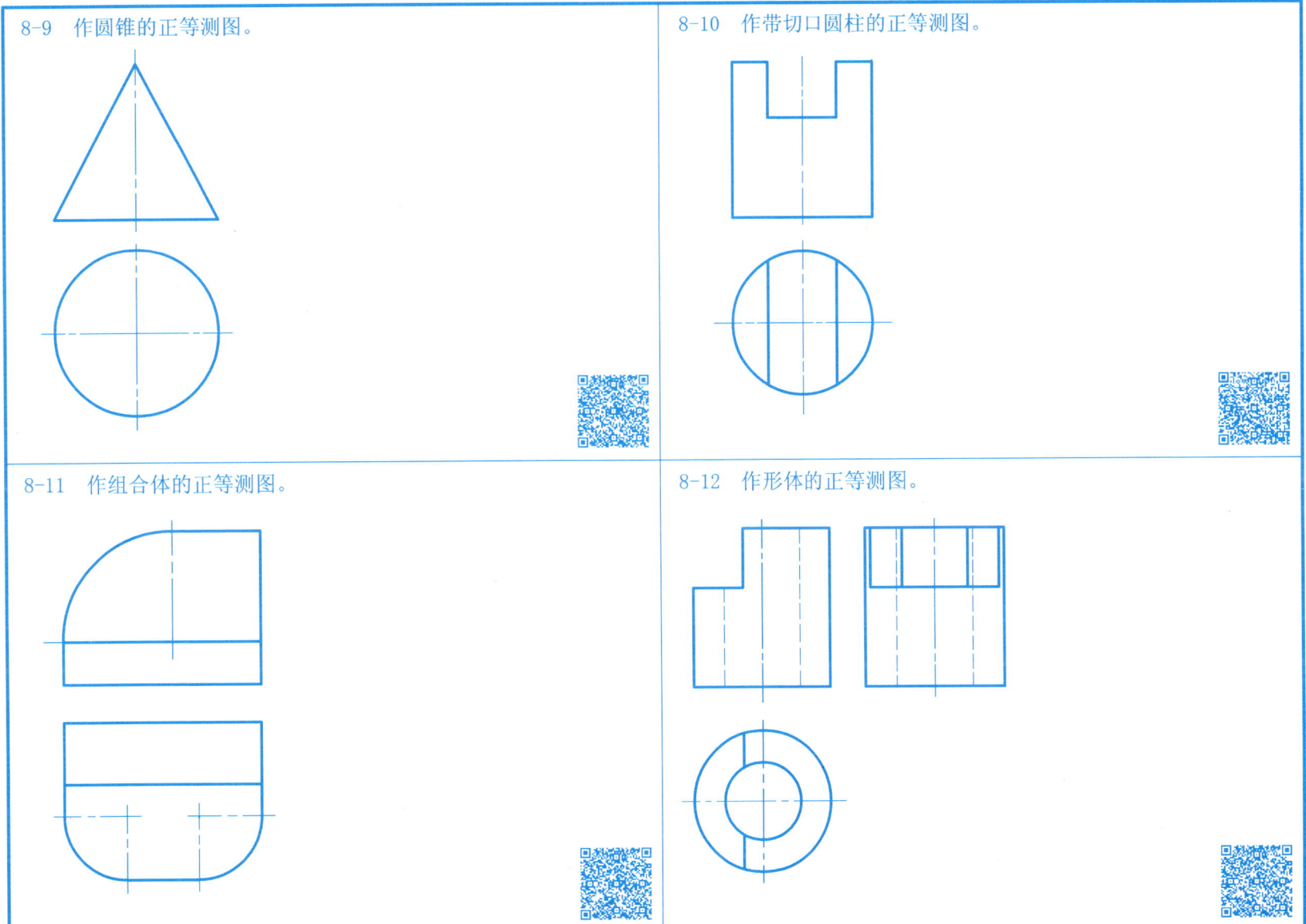

8-9　作圆锥的正等测图。

8-10　作带切口圆柱的正等测图。

8-11　作组合体的正等测图。

8-12　作形体的正等测图。

8-13　作形体的正面斜二测图。

8-14　作墙饰的正面斜二测图。

8-15　作组合体的正等测图。

8-16　作形体的正面斜二测图。

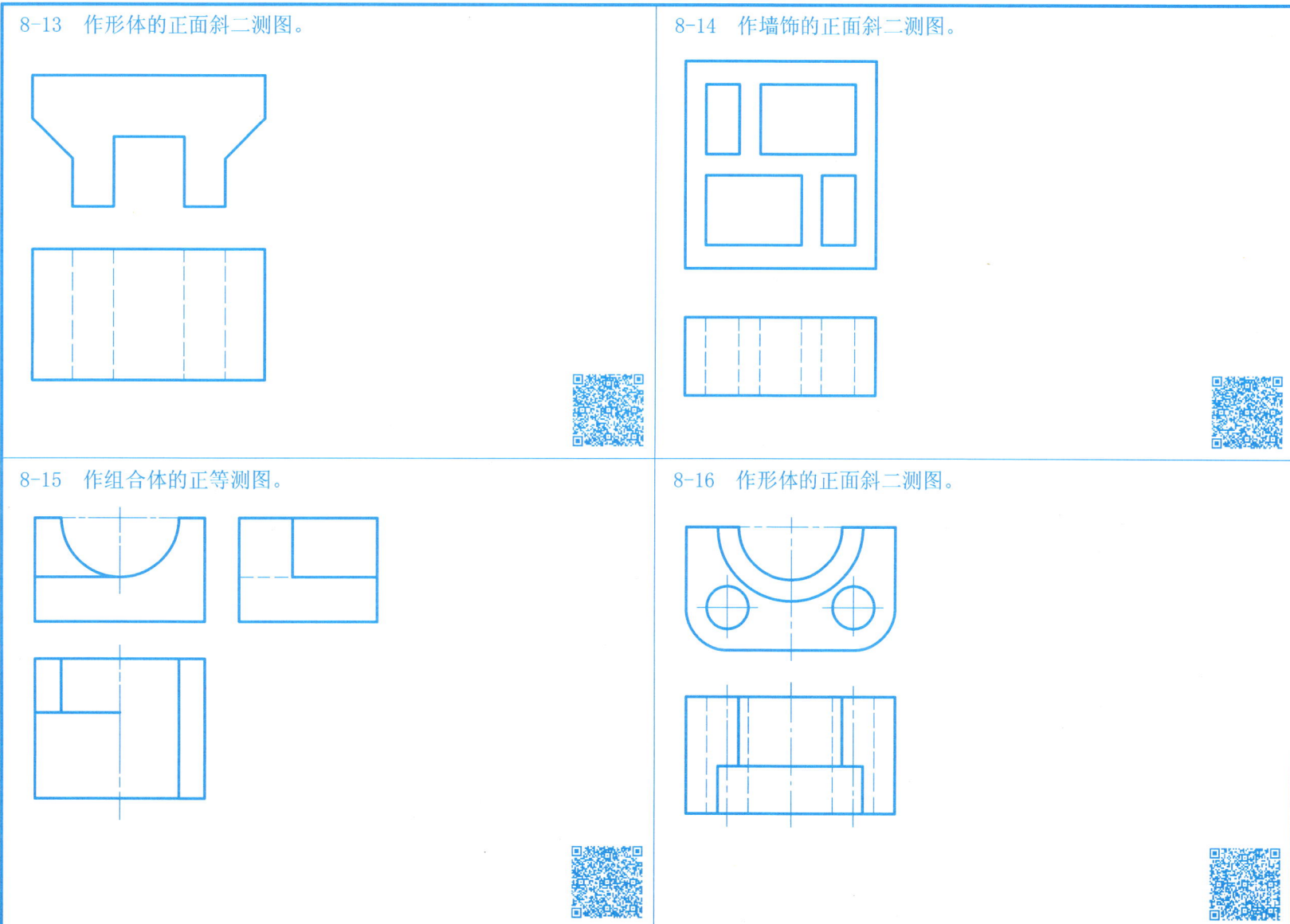

8-17　作房屋模型的水平斜等测图。

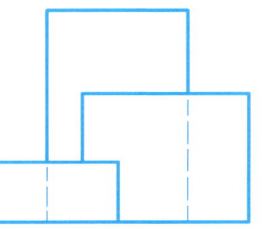

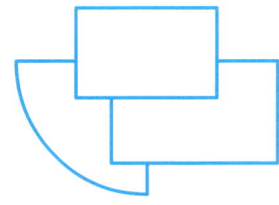

8-18　作带断面的房屋的水平斜等测图。

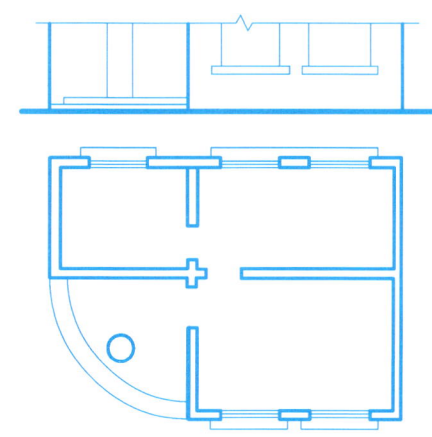

8-19　根据已知的水平投影构思形体，并徒手画出其轴测图（轴测类型自选）。

9-1　已知水平线*AB*距基面40 mm，求*AB*的透视和基透视。

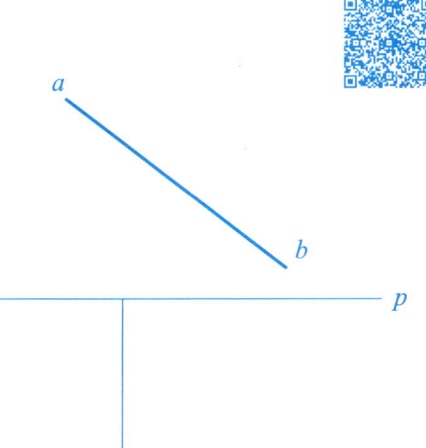

9-2　已知画面垂直线*AB*距基面45 mm，铅垂线*CD*长40 mm，下端点*D*距基面为10 mm，作出这两条直线的透视和基透视。

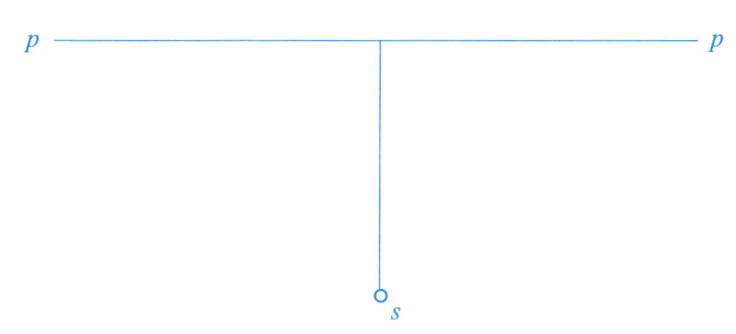

9-3 作基面上的正方形及内部分格的透视。

9-4 作基面上的平面的透视。

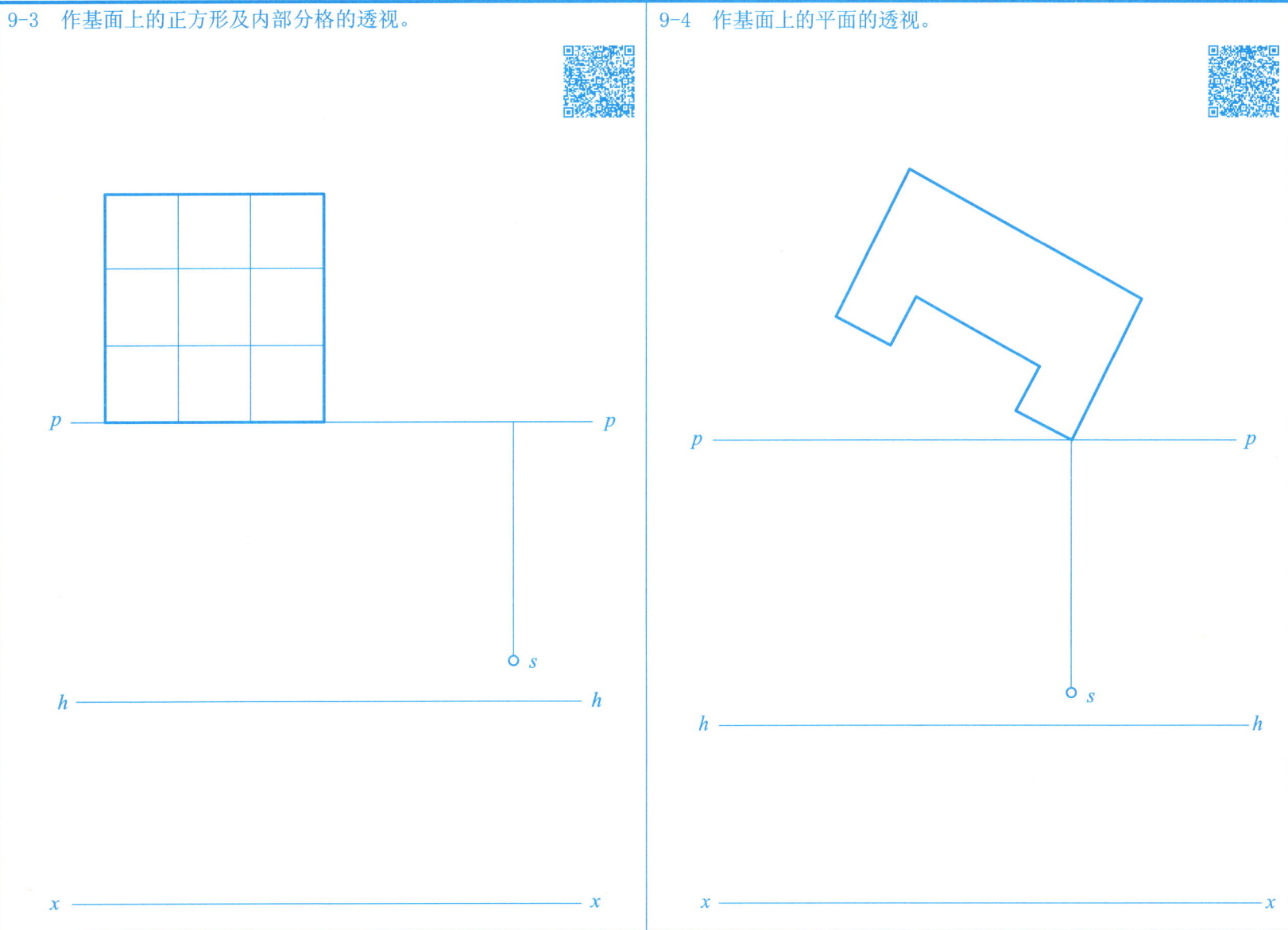

9-5　作形体的两点透视。

9-6　作形体的两点透视。

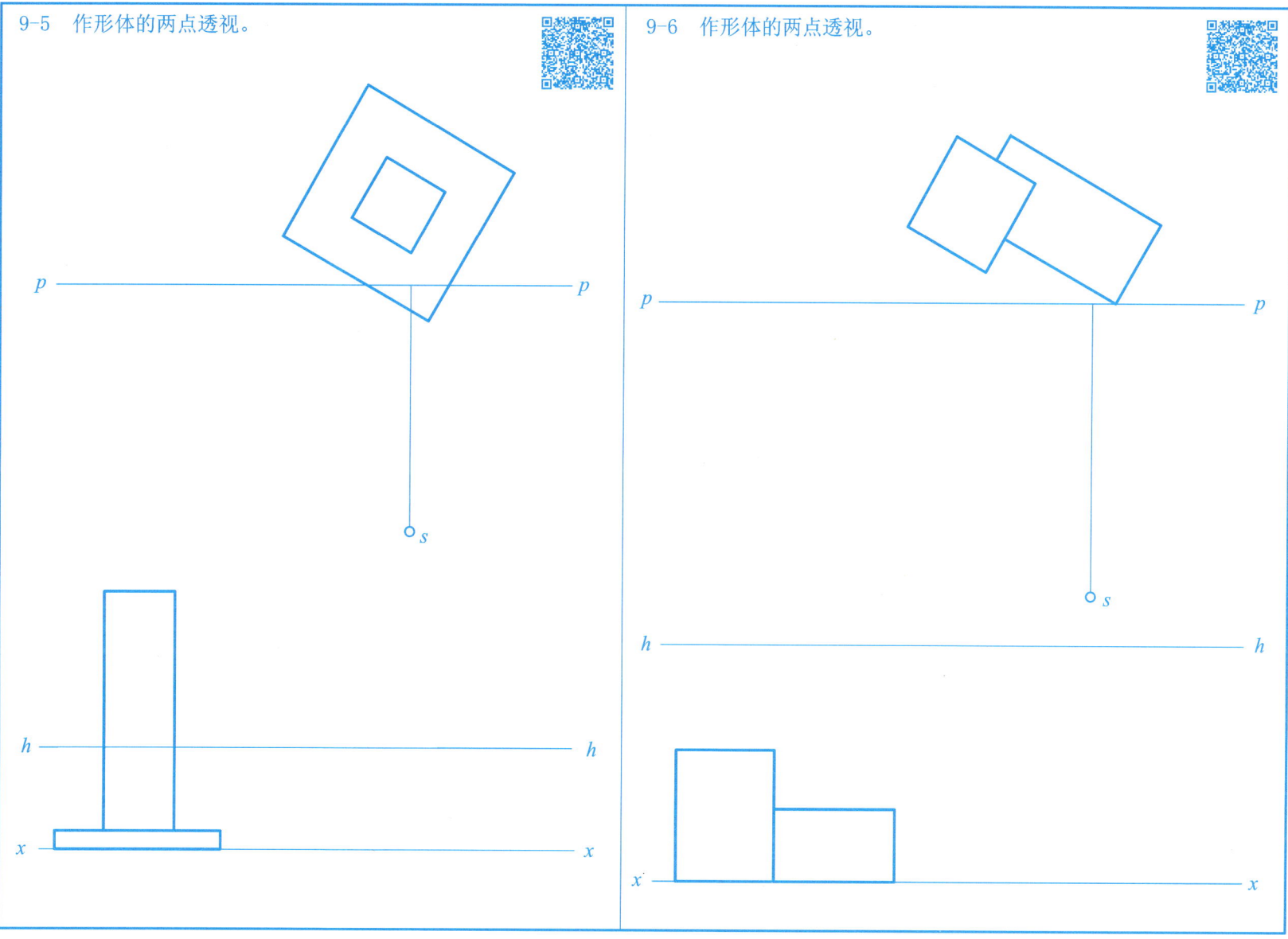

9-7　作台阶的两点透视。

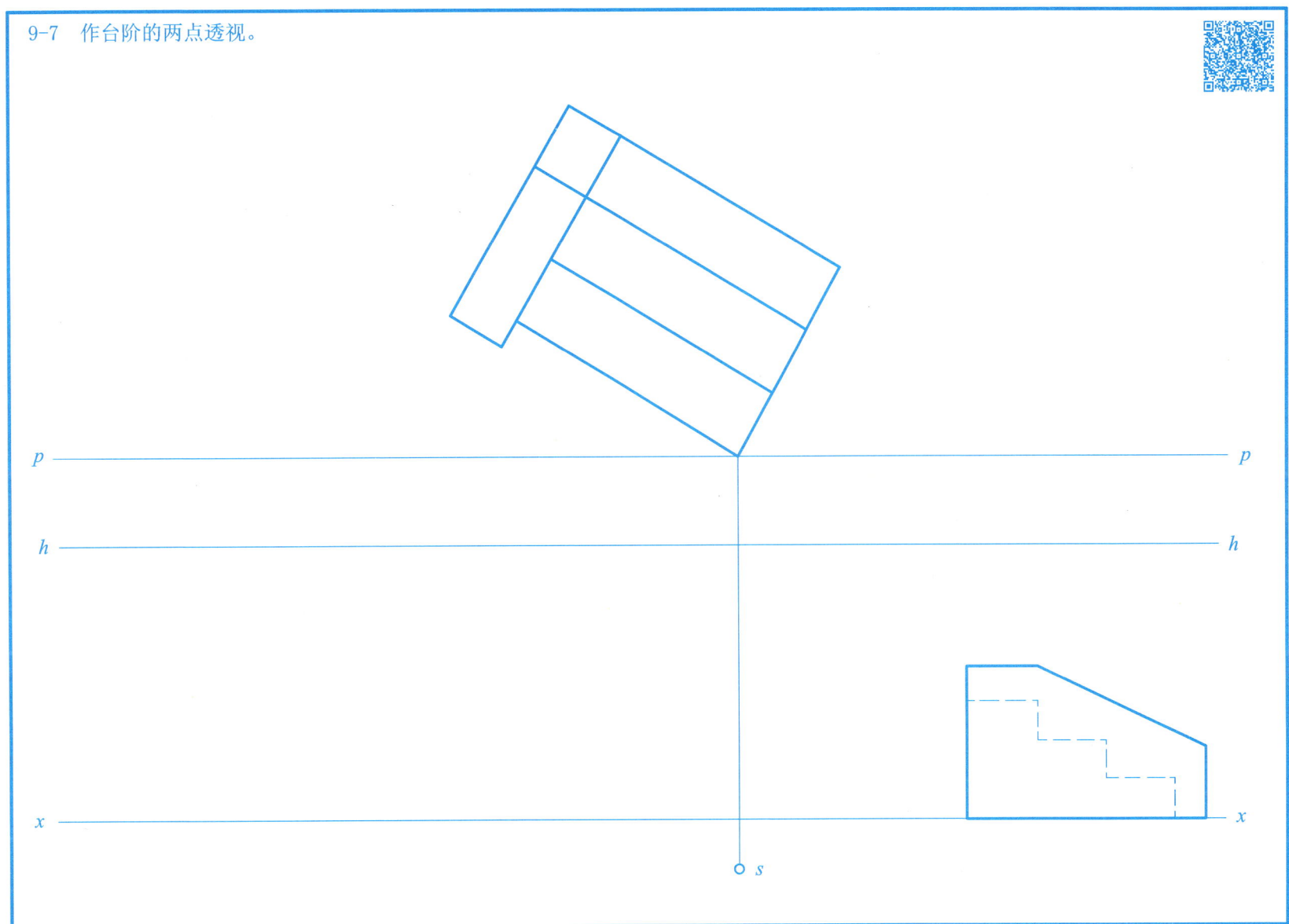

9-8　作坡顶房屋的两点透视。

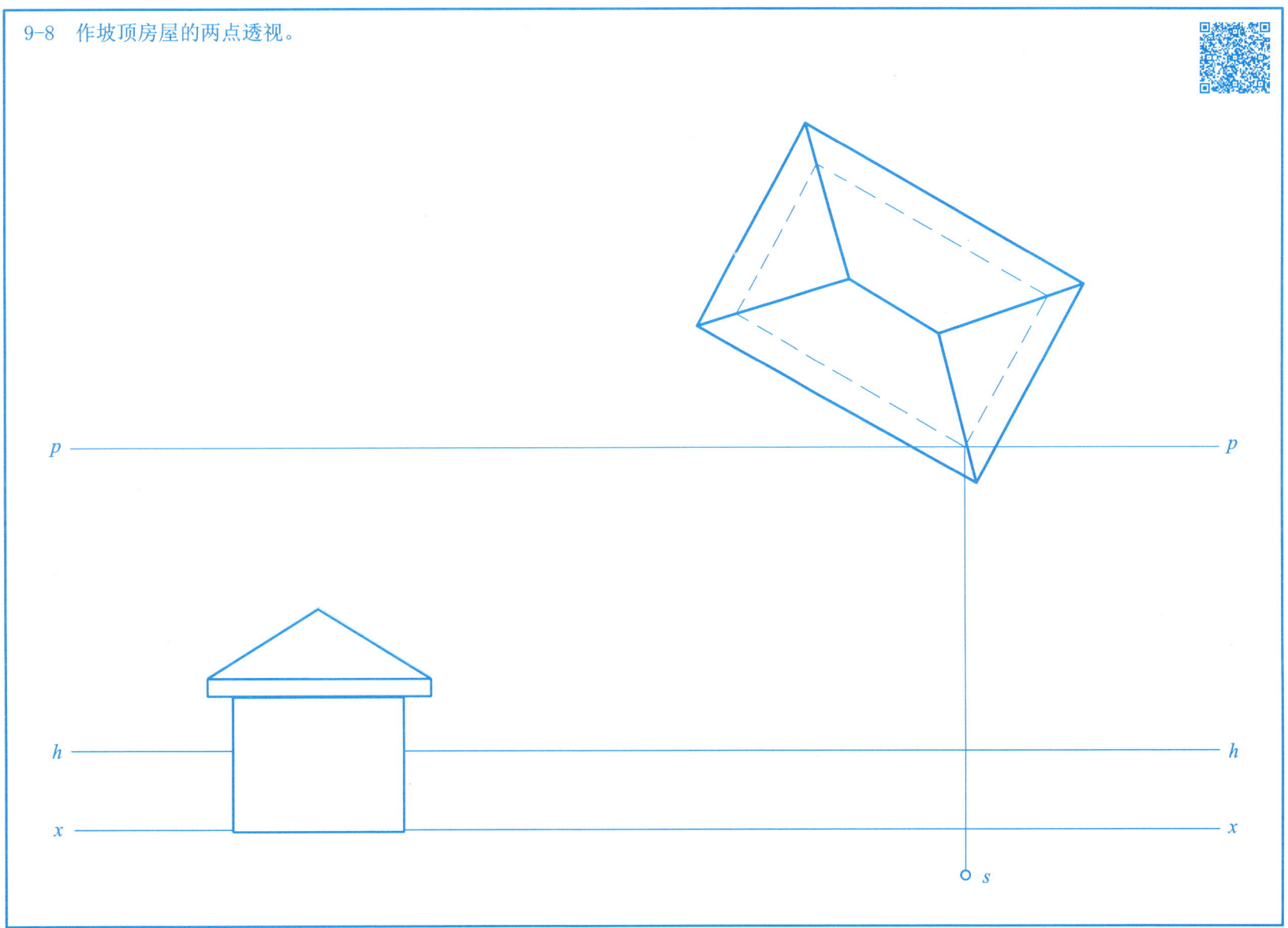

9-9　作拱门的透视。

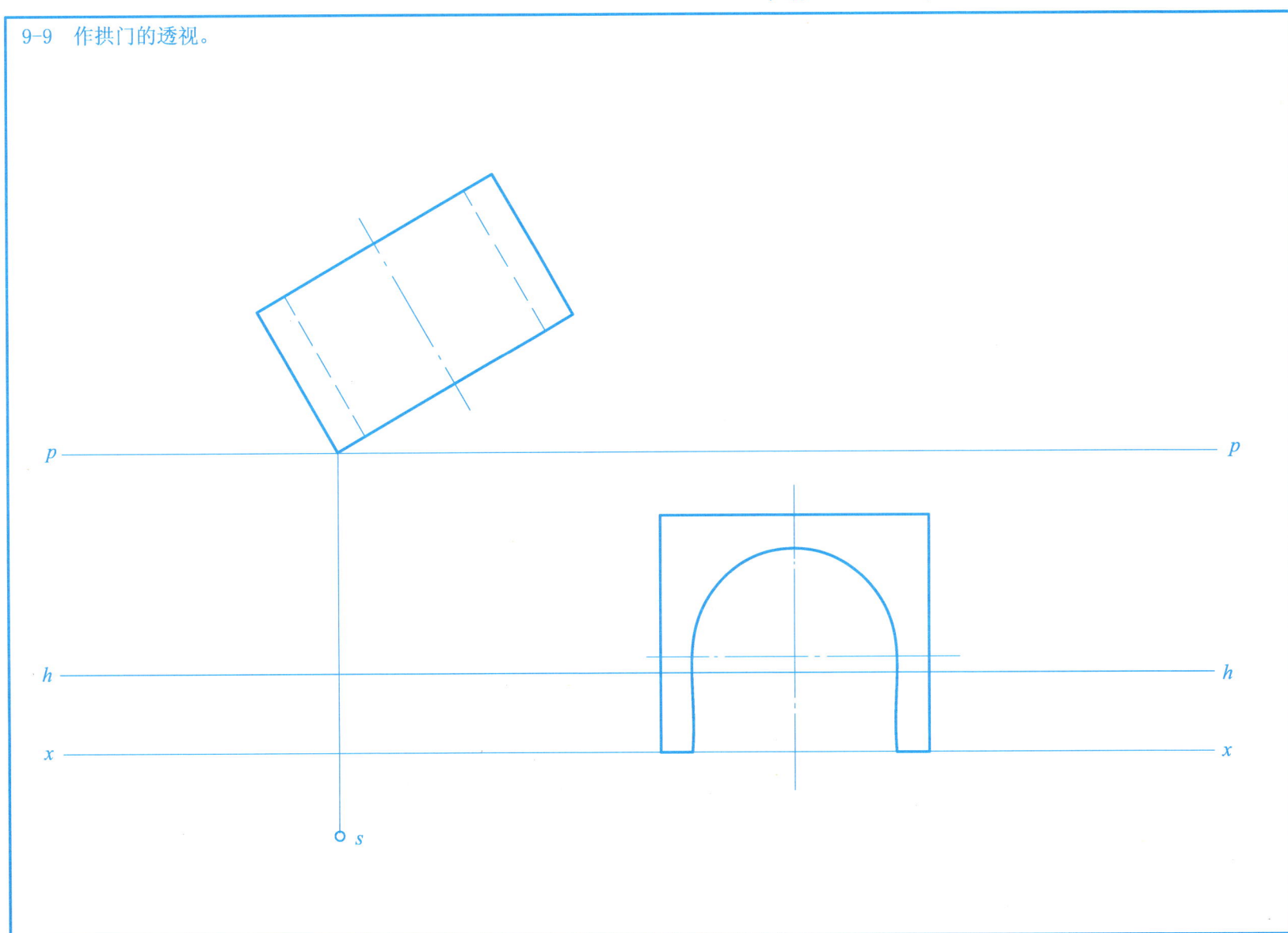

9-10　作室内的一点透视图。

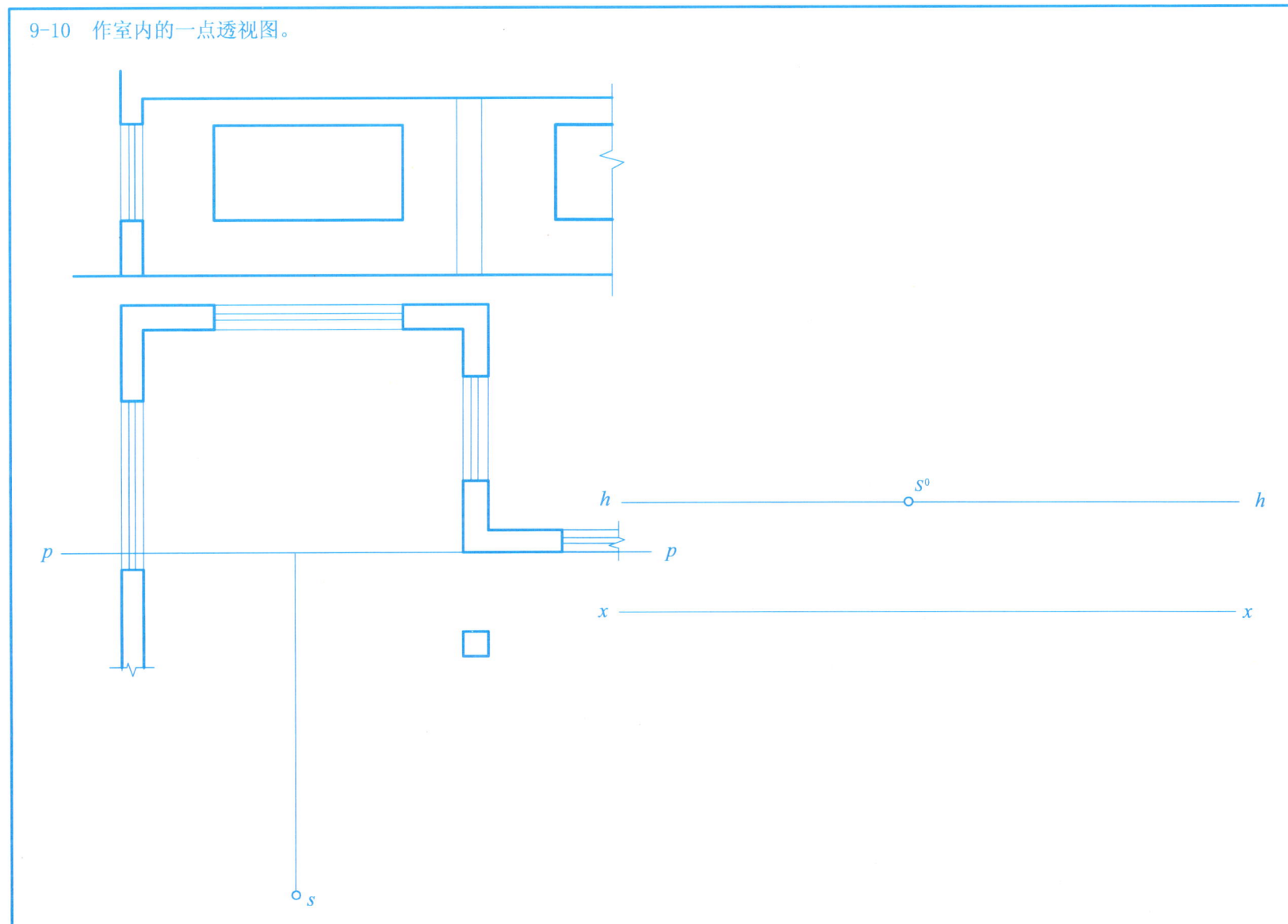

9-11　根据建筑形体的正投影图,想象其在视觉印象中产生的立体形象,并自选站点,放大一倍作建筑形体的一点透视。

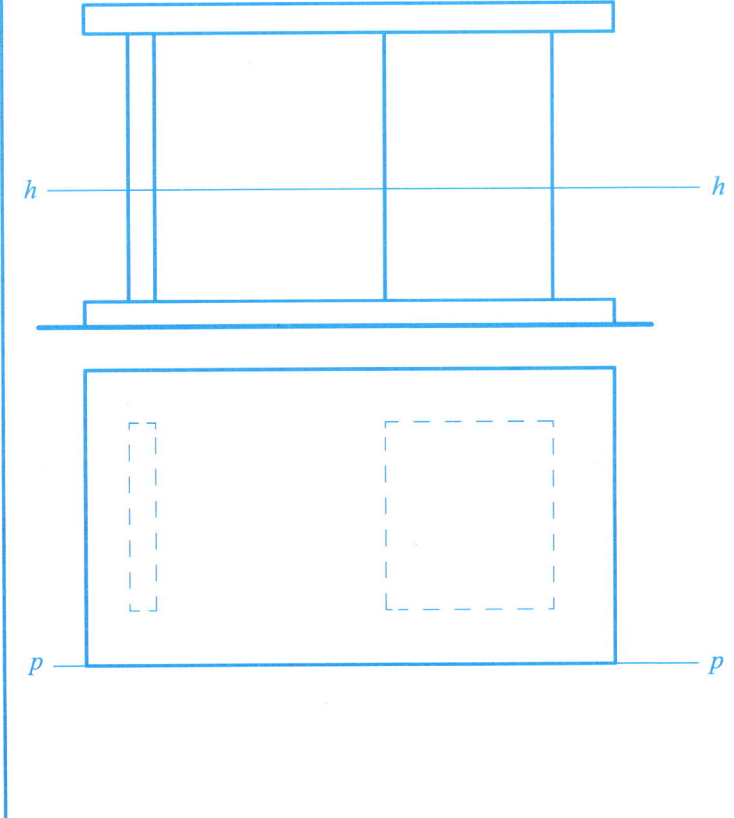

9-12　根据房屋的正投影图,想象其在视觉印象中产生的立体形象,并自选视点、画面,放大一倍作出房屋的两点透视。

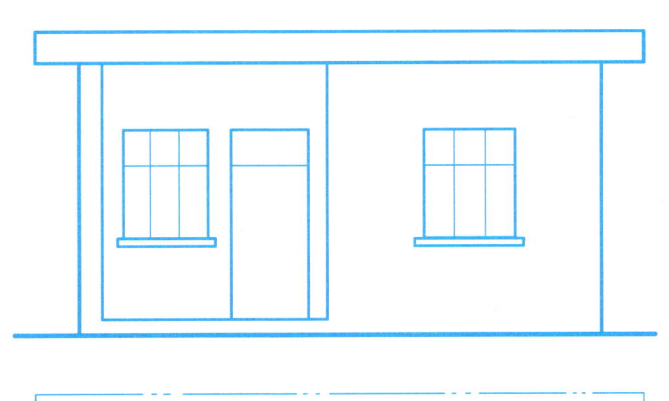

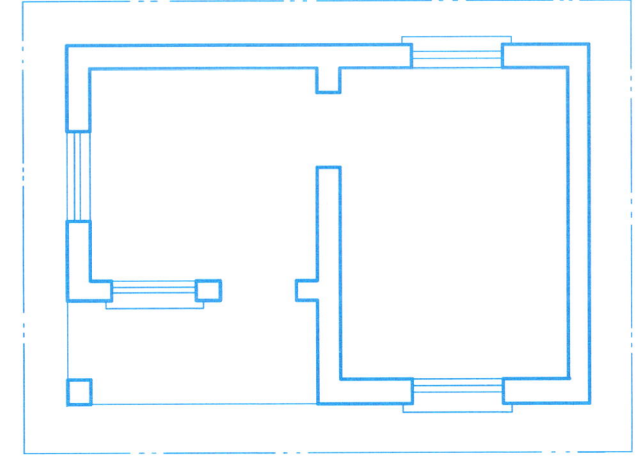

10-1　求作直线上的整数高程点及直线的坡度。

$a_{13.5}$

$b_{7.5}$

0　2　4　6m

10-2　已知直线的坡度为1:2，求作直线上点C的高程和直线上高程为8的点B的投影。

a_{20}

c

0　2　4　6m

10-3　求作平面上整数高程的等高线和坡度线。

a_9

1:1

b_3

0　2　4　6m

10-4　求作平面上整数高程的等高线和相对地面的倾角。

6m

4

p_i

2

0

0　2　4　6m

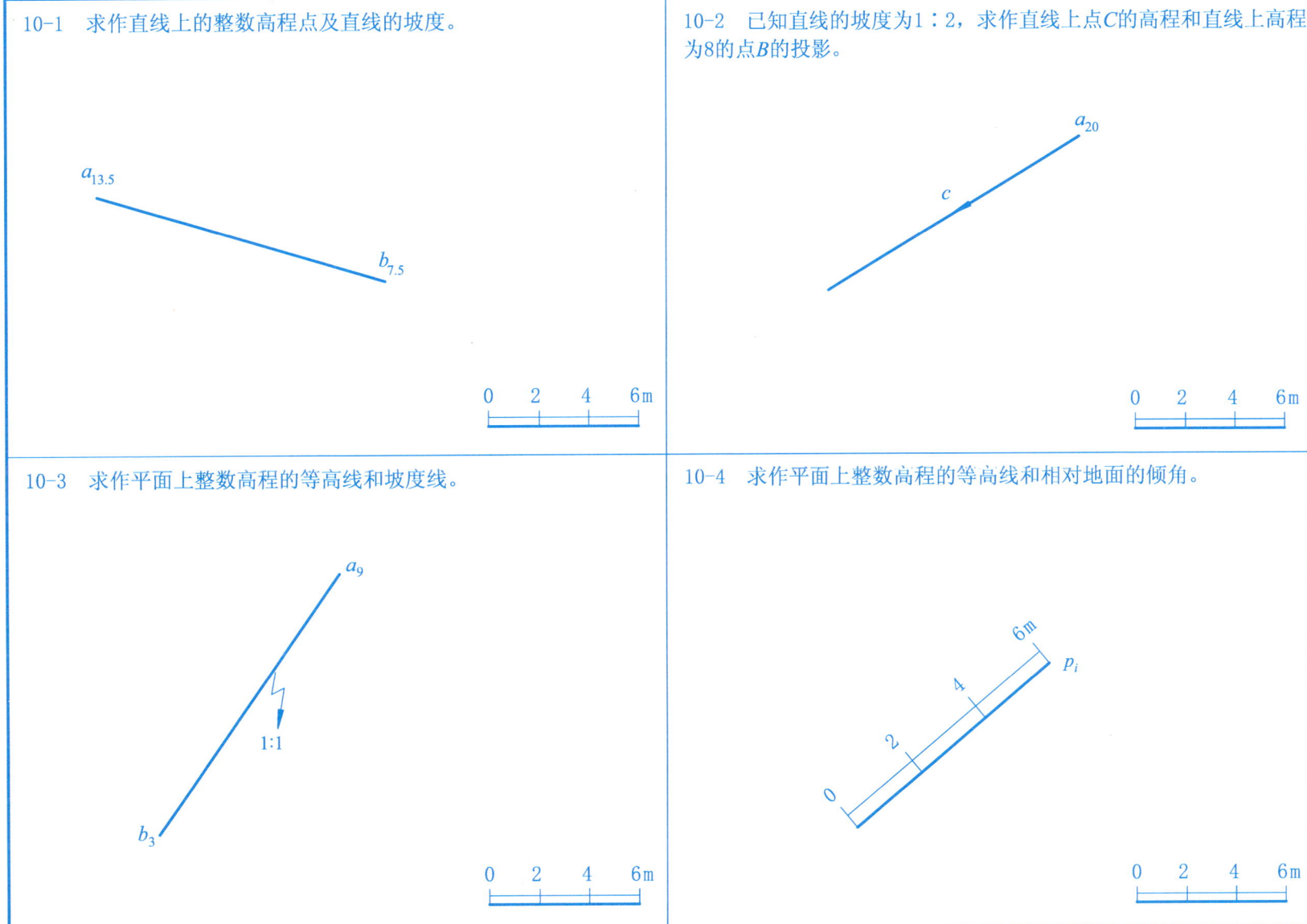

10-5　求作平面上的整数高程等高线及平面的坡度。

10-6　求作各坡面与地面的交线及各边坡面之间的交线。

10-7　求作两平面的交线。

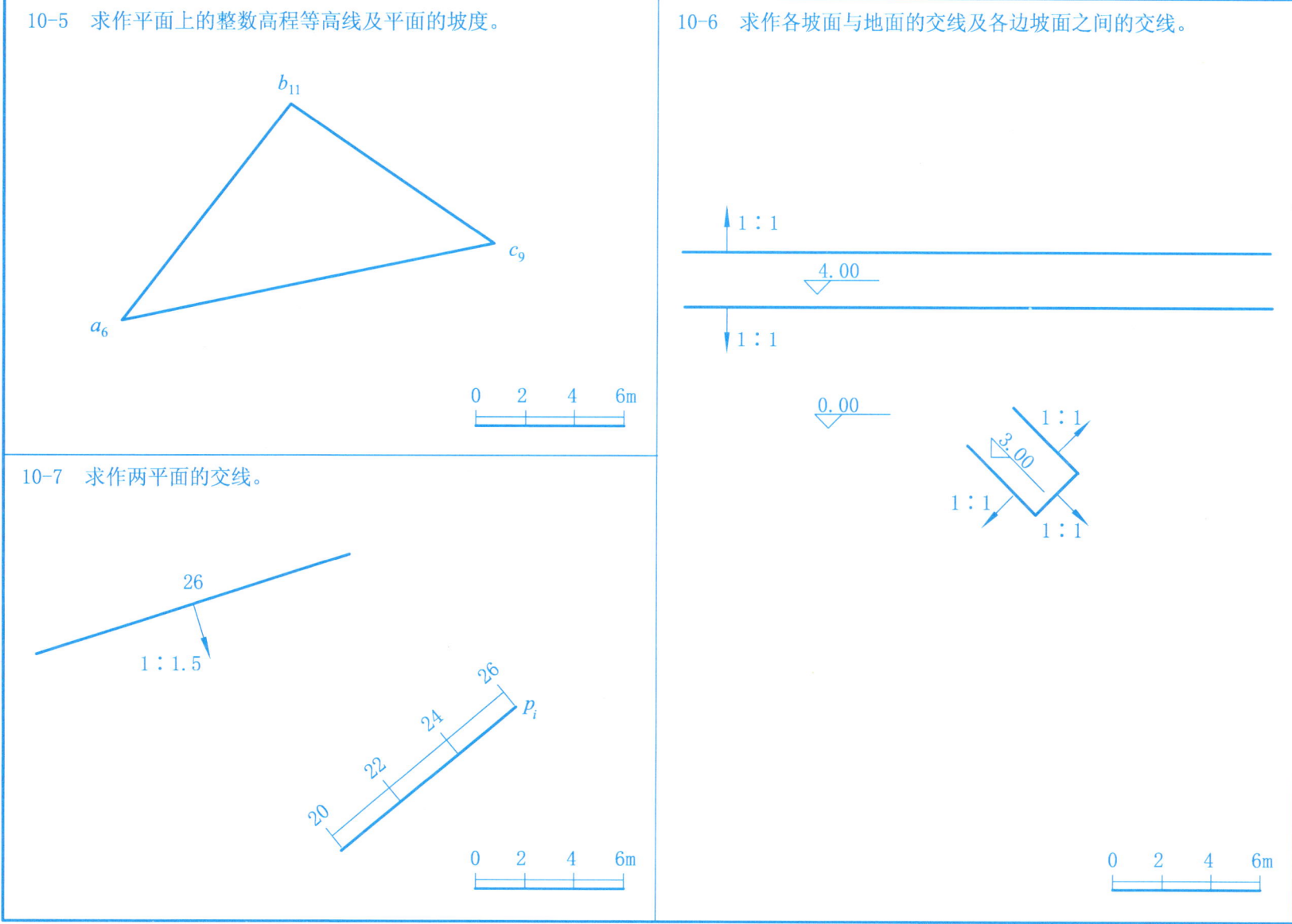

10-8　已知填筑坡度与开挖坡度均为1∶1，试作道路的坡脚线。

10-9　已知地面上的道路的填筑坡度为1∶1.5，开挖坡度为1∶1，求作开挖线和坡脚线。

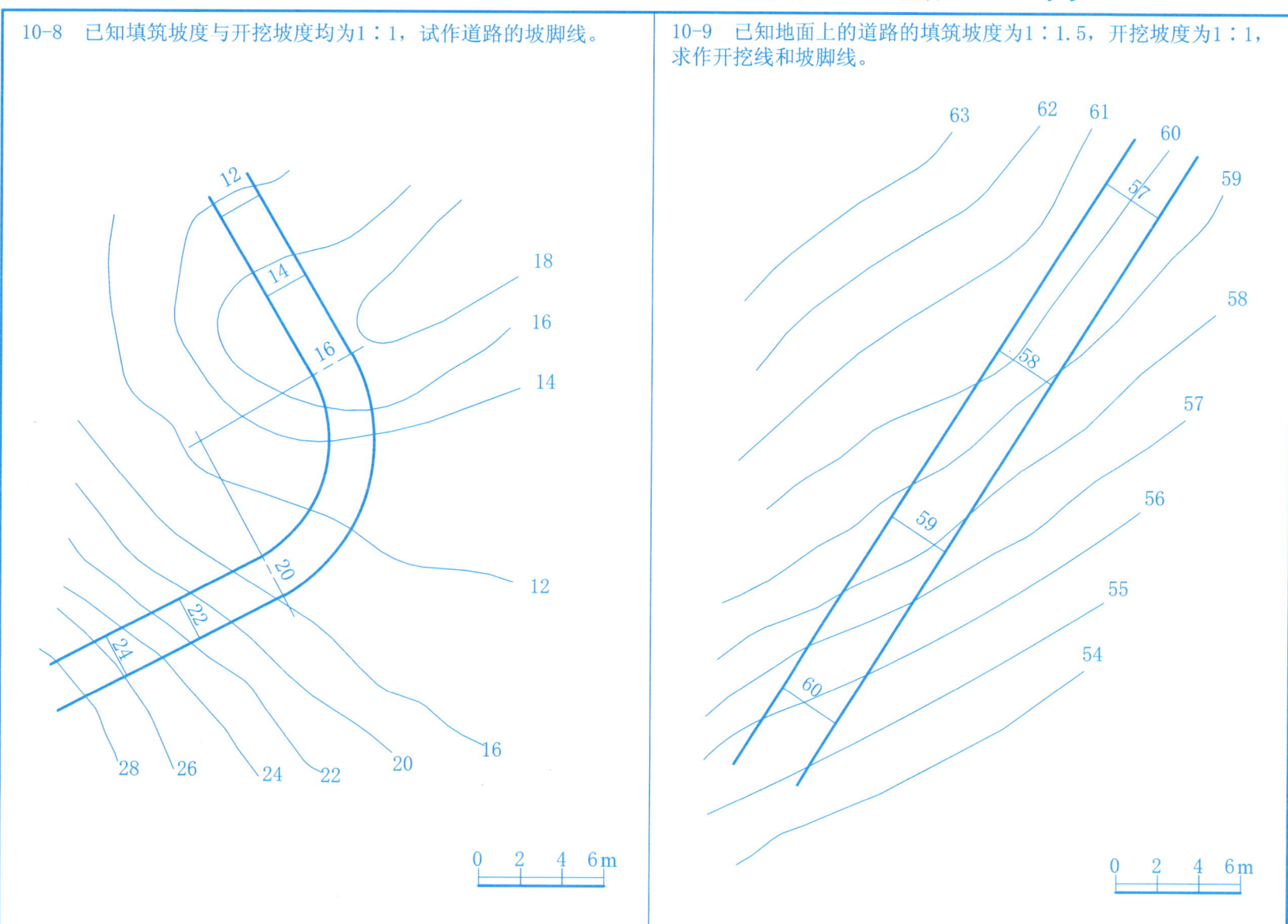

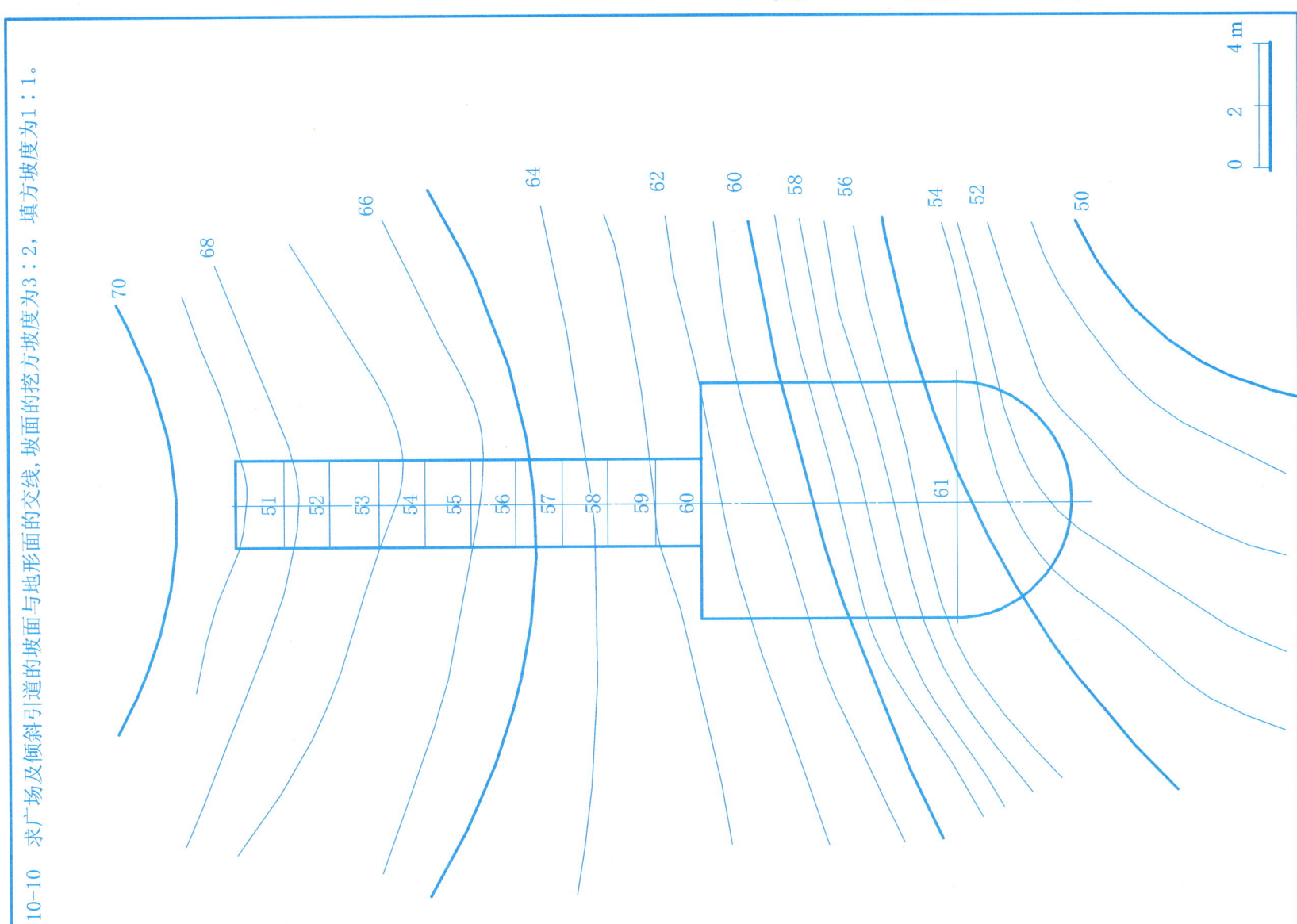

10-10　求广场及倾斜引道的坡面与地形面的交线，坡面的挖方坡度为3：2，填方坡度为1：1。

70　68　66　64　62　60　58　56　54　52　50

51　52　53　54　55　56　57　58　59　60　61

0　2　4 m

11-1　按国标规定的线型先临摹后抄绘粗实线、细实线、虚线、点画线。

（1）

（2）

（3）

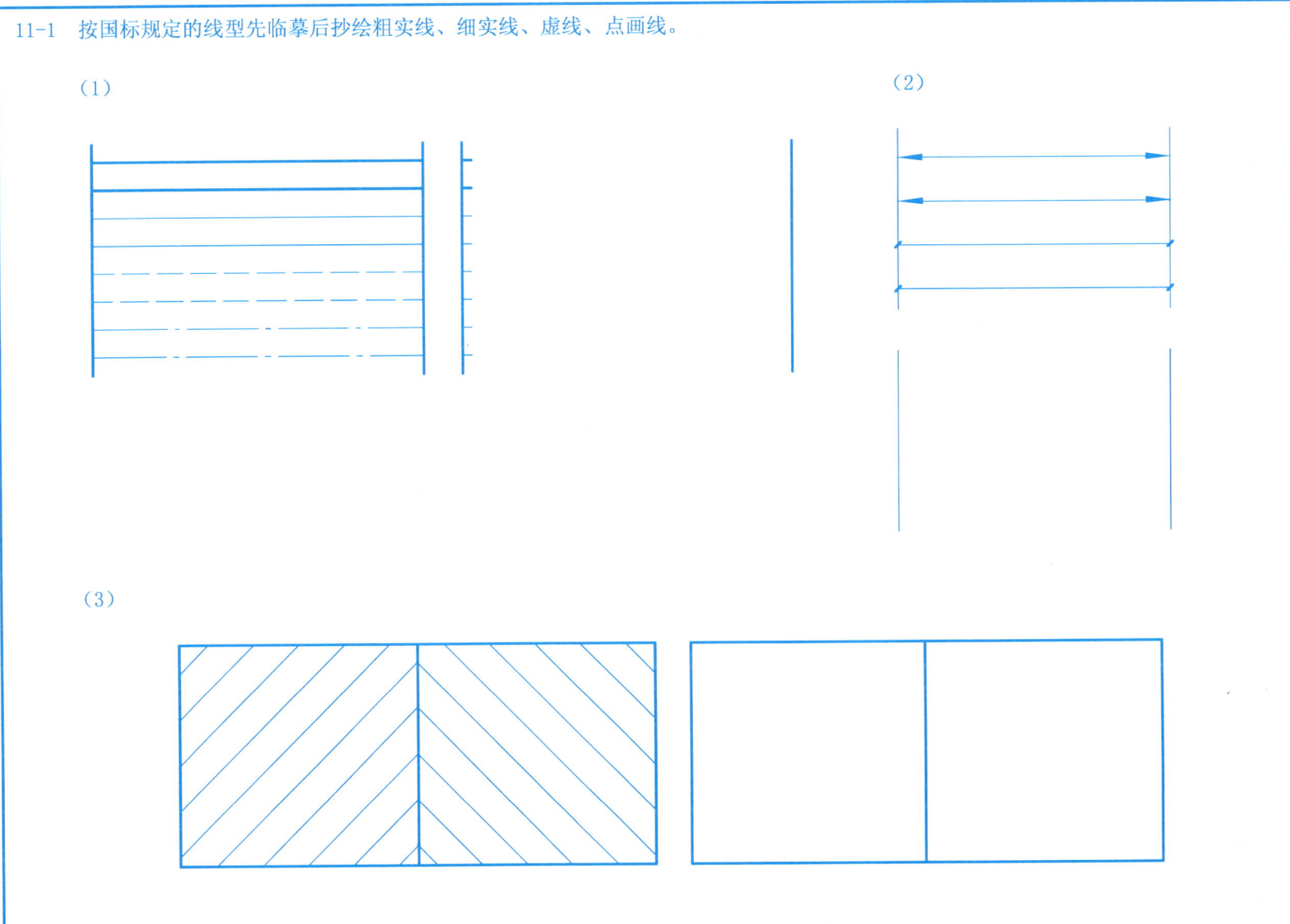

11-2　按1：1的比例画平面图形。

（1）

（2）

11-3　对照下面字例进行文字的书写练习。

（1）汉字。

长仿宋字横平竖直注意起落结构匀称填满方格

图样和文字数字一样是人类用来表达交流思想和分析的基本工具之一

（2）字母、数字。

ABCDEFGHIJKLMNOPQRSTUVWXYZ

ABCDEFGHIJKLMNOPQRSTUVWXYZ

1234567890

1234567890

11-4　标注尺寸。

（1）填注或标注图形中的尺寸，数字从图形中量取。

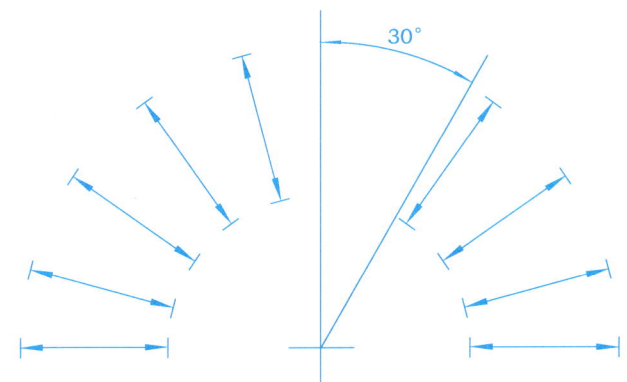

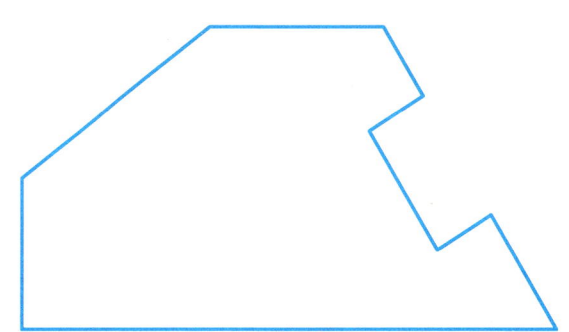

（2）在图中标注出圆或圆弧的尺寸（注意整圆和局部圆、大圆和小圆尺寸标注的不同）。

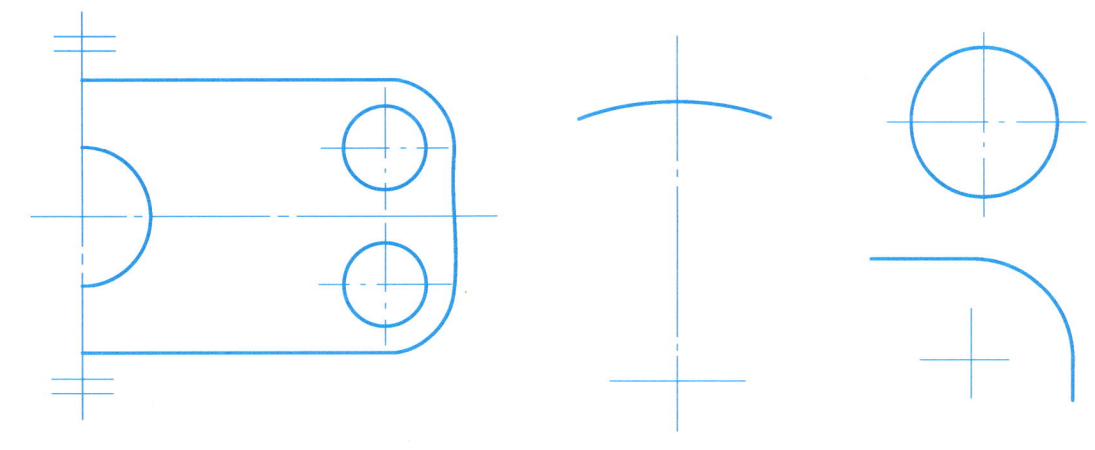

（3）在图中标注角度尺寸（注意角度尺寸的数字方向）。

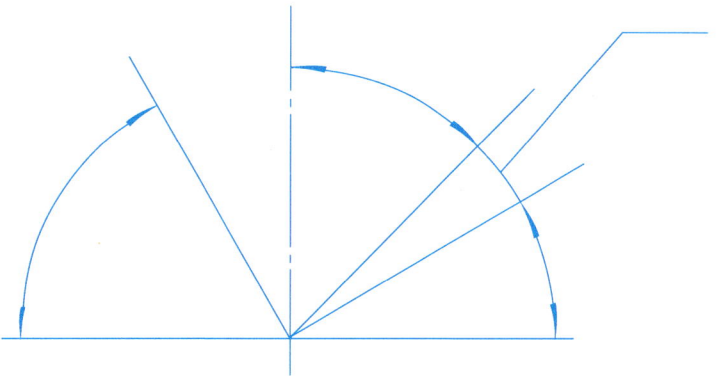

11-5　找出图中尺寸标注错误并将其更正。

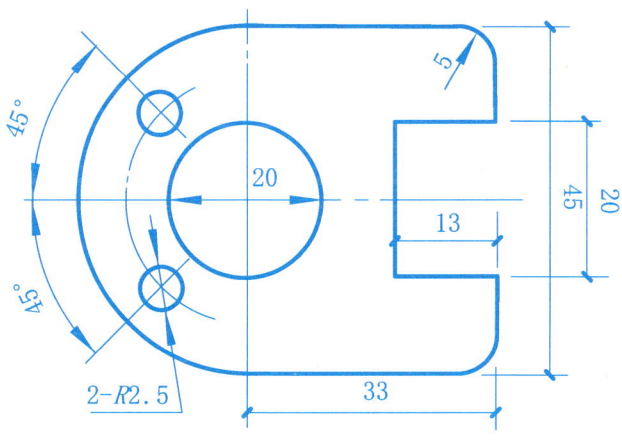

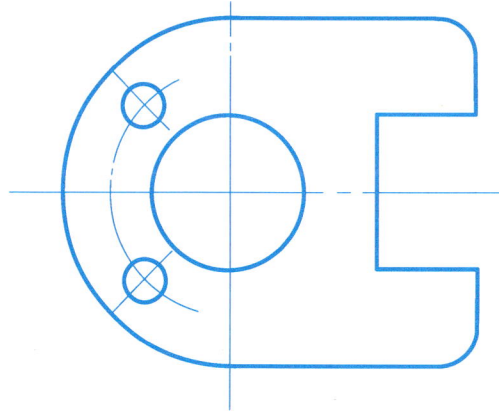

11-6 在A3图纸上用1：1的比例抄画平面图形（可在基本图形上自由发挥）。

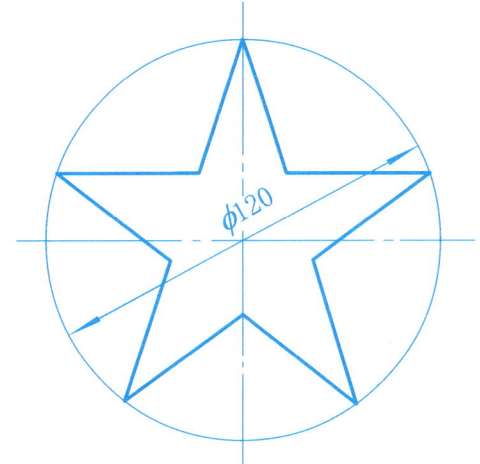

11-7 在A3图纸上用适当的比例抄画平面图形。

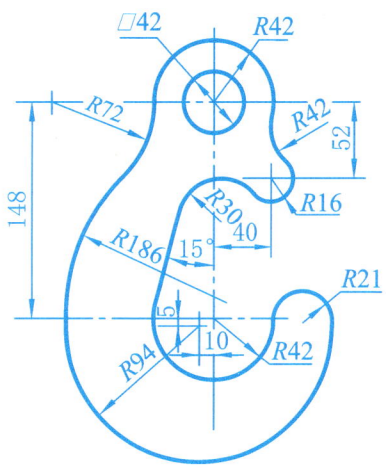

11-8 在A3图纸上按1：50的比例抄绘交叉路口平面图形。

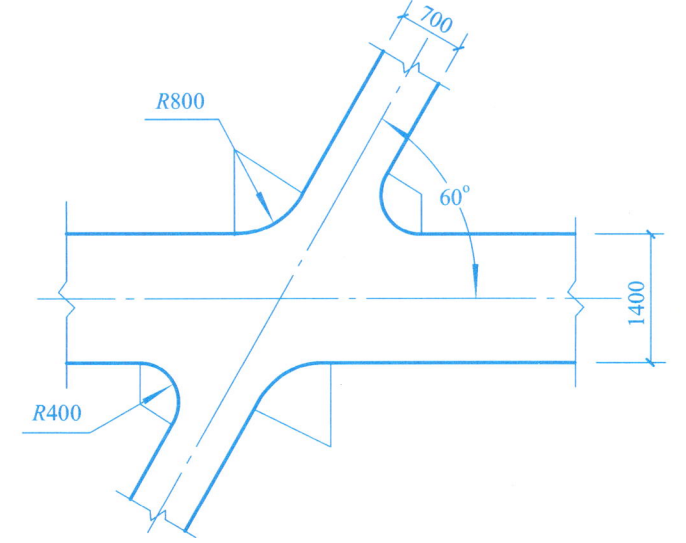

11-9 在A3图纸上用适当的比例抄画平面图形。

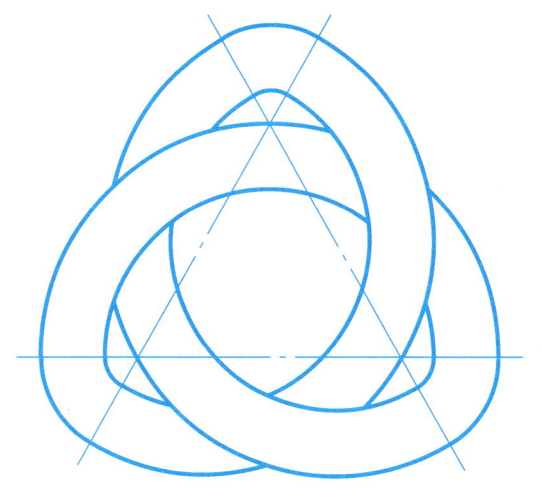

11-10 根据所给轴测图，目测图样大小后徒手临摹。

（1）台阶（放大两倍画）。

（2）水池（放大一倍画）。

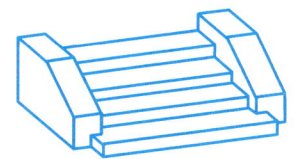

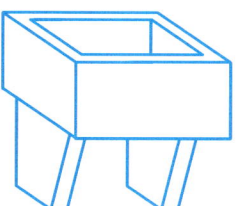

12 组合体

12-1 补绘第三视图。

（1）

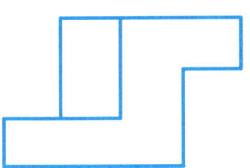 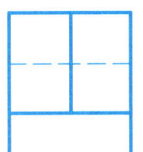

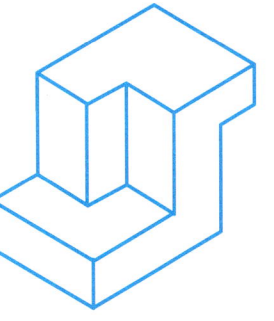

（2）

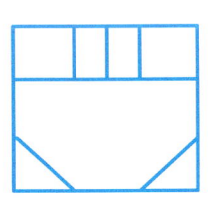

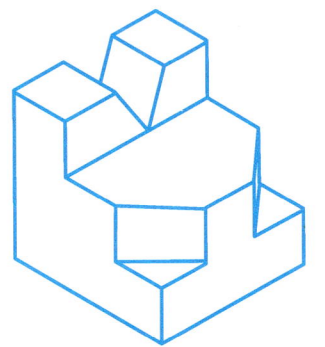

12-2 根据形体轴测图，画出形体三视图（尺寸从图中量取）。

（1）

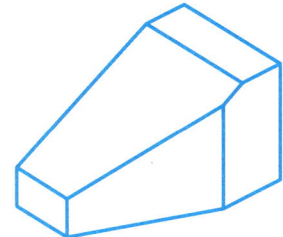

（2）

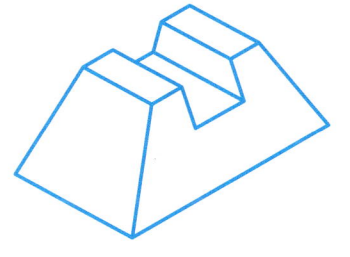

12-3 根据形体的正面投影和水平投影，想象出形体形状，选择正确的第三视图（在正确的符号上画√）。

（1）

（a）　　（b）　　（c）　　（d）

（2）

（a）　　（b）　　（c）　　（d）

（3）

（a）　　（b）　　（c）　　（d）

（4）

（a）　　（b）　　（c）

12-4　分析视图，用原型联想思维法想象形体，徒手补绘第三面视图。

（1）

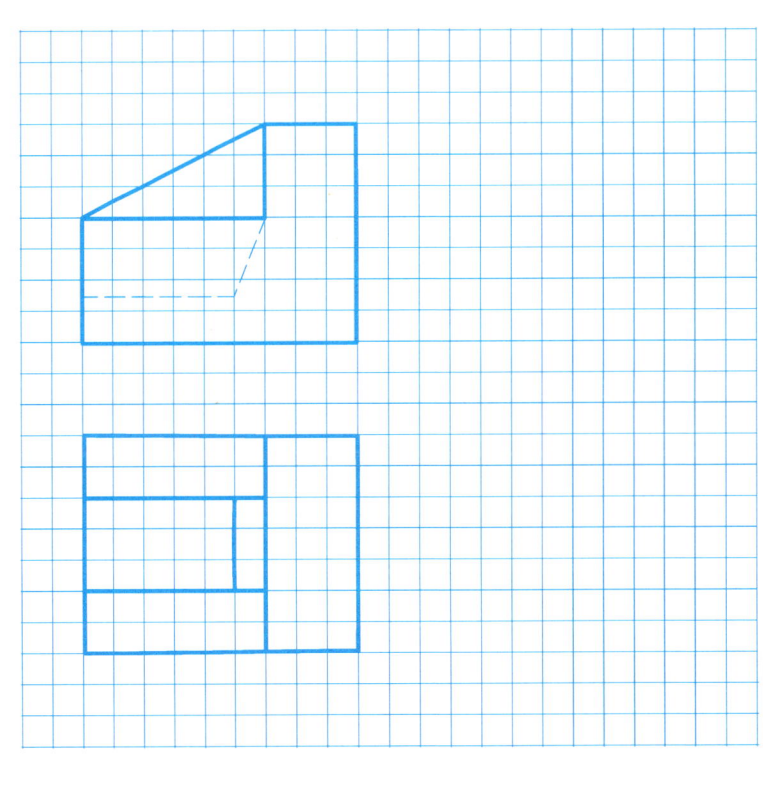

（2）

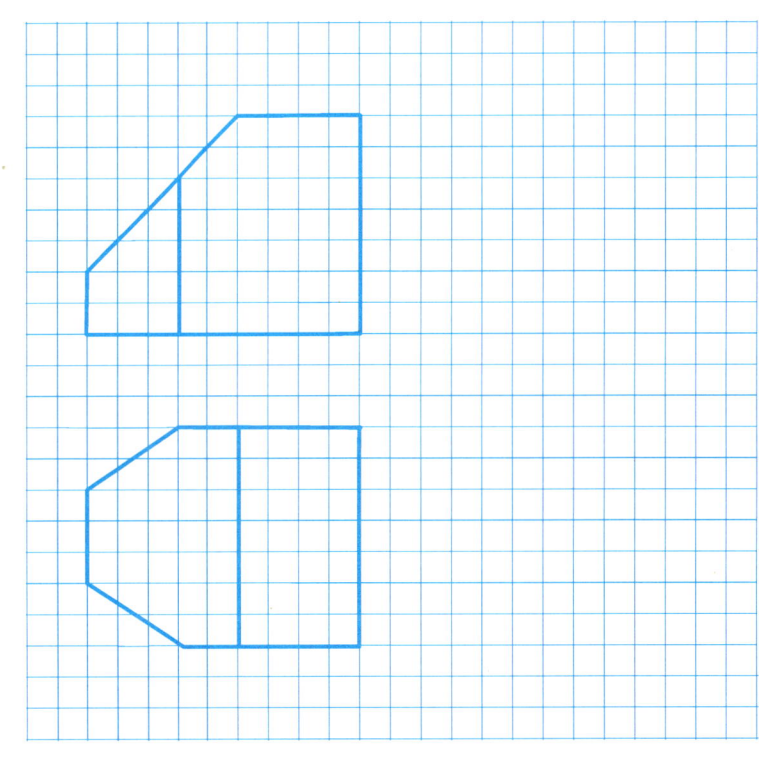

12-5　分析视图，想出形体，补绘第三面视图。

（1）

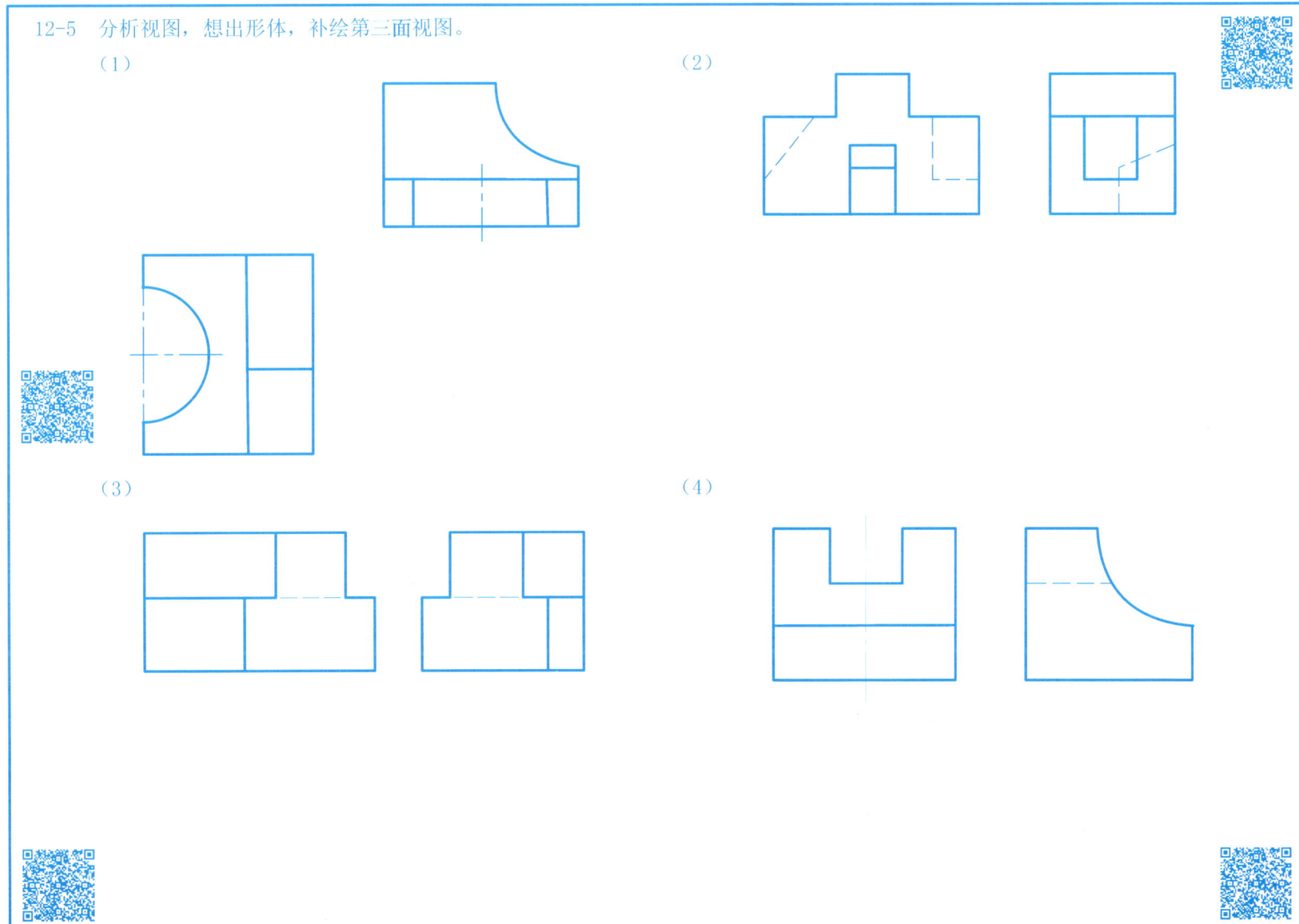

（2）

（3）

（4）

12-6　分析视图，想出形体，补绘第三视图。

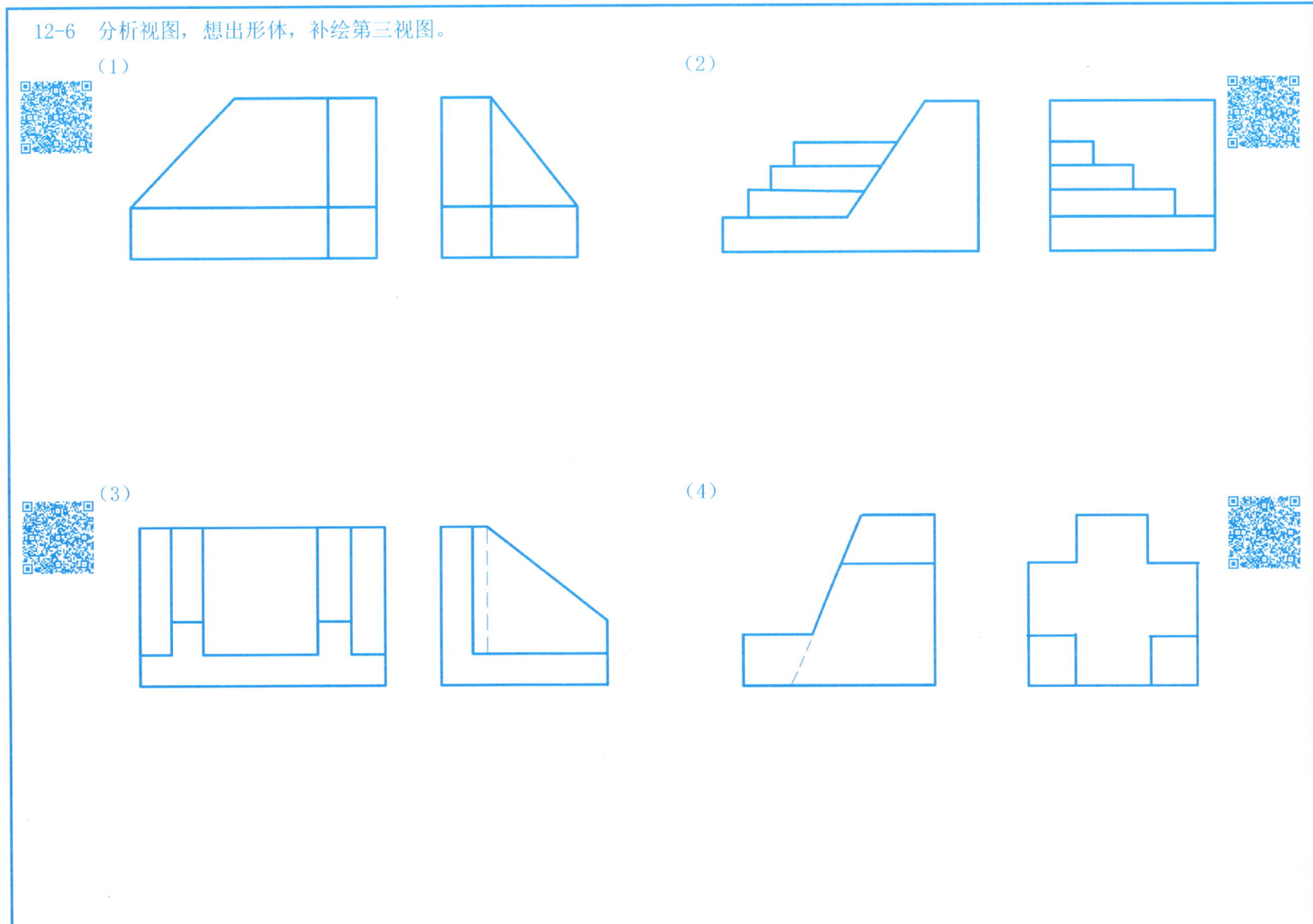

（1）

（2）

（3）

（4）

12-7　分析视图，想出形体，补绘第三面视图。

（1）

（2）

（3）

（4）

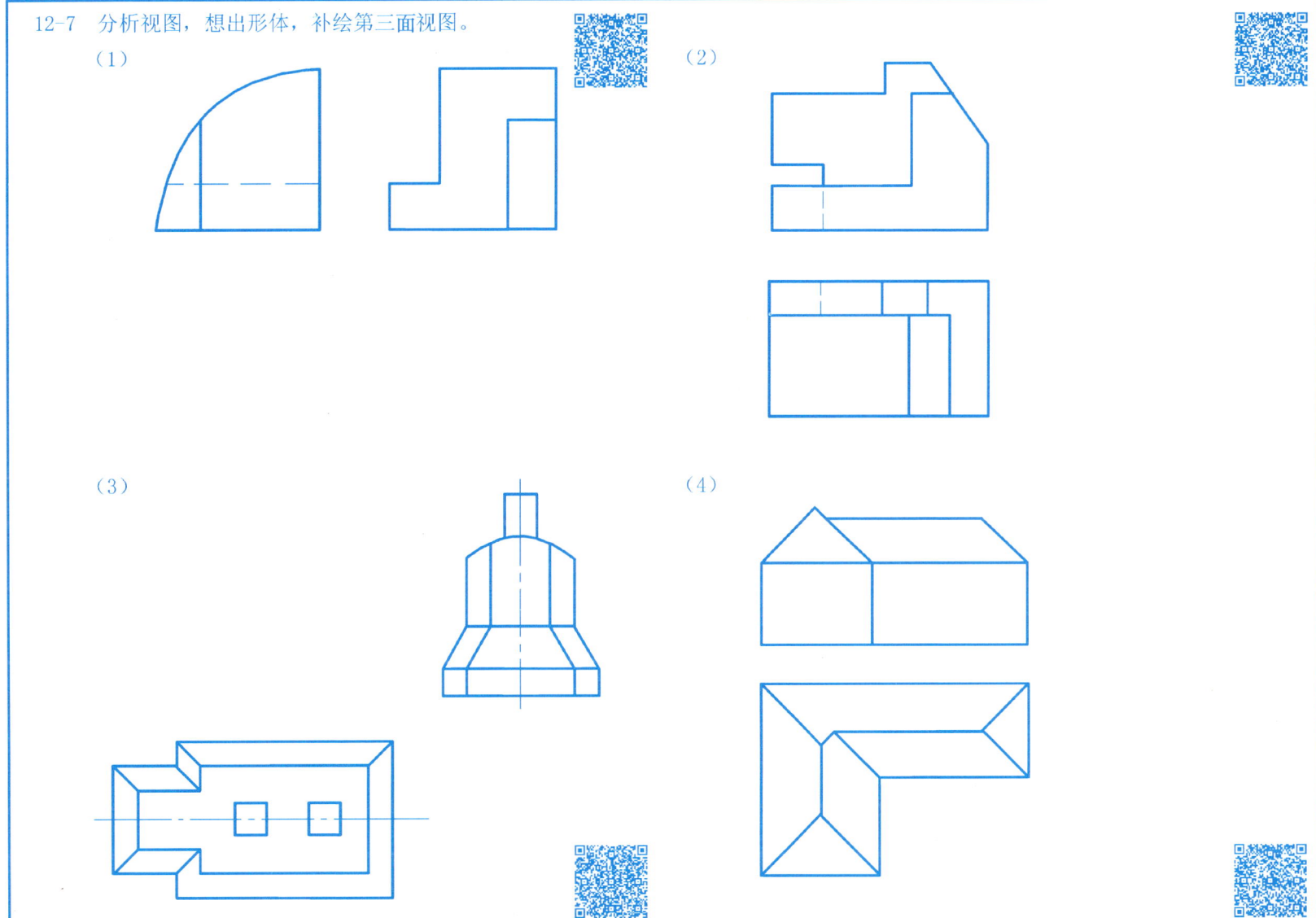

12-8　补全视图中所缺的图线。

（1）

（2）

（3）

（4）

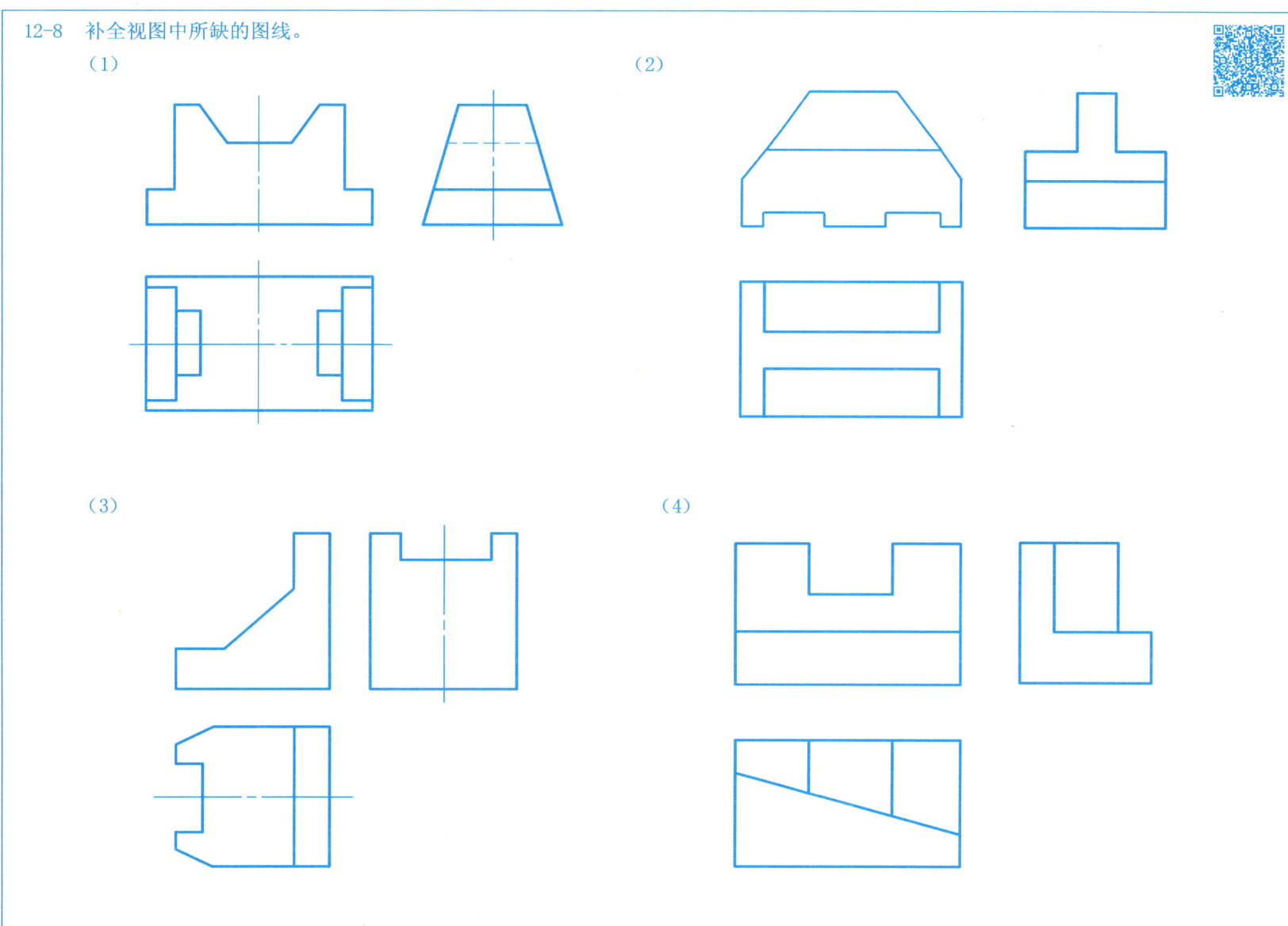

12-9　分析视图，想出形体，补绘第三面视图。

（1）

（2）

（3）

（4）

12-10　分析视图，想出形体，补绘第三面视图。

（1）

（2）

（3）

（4）

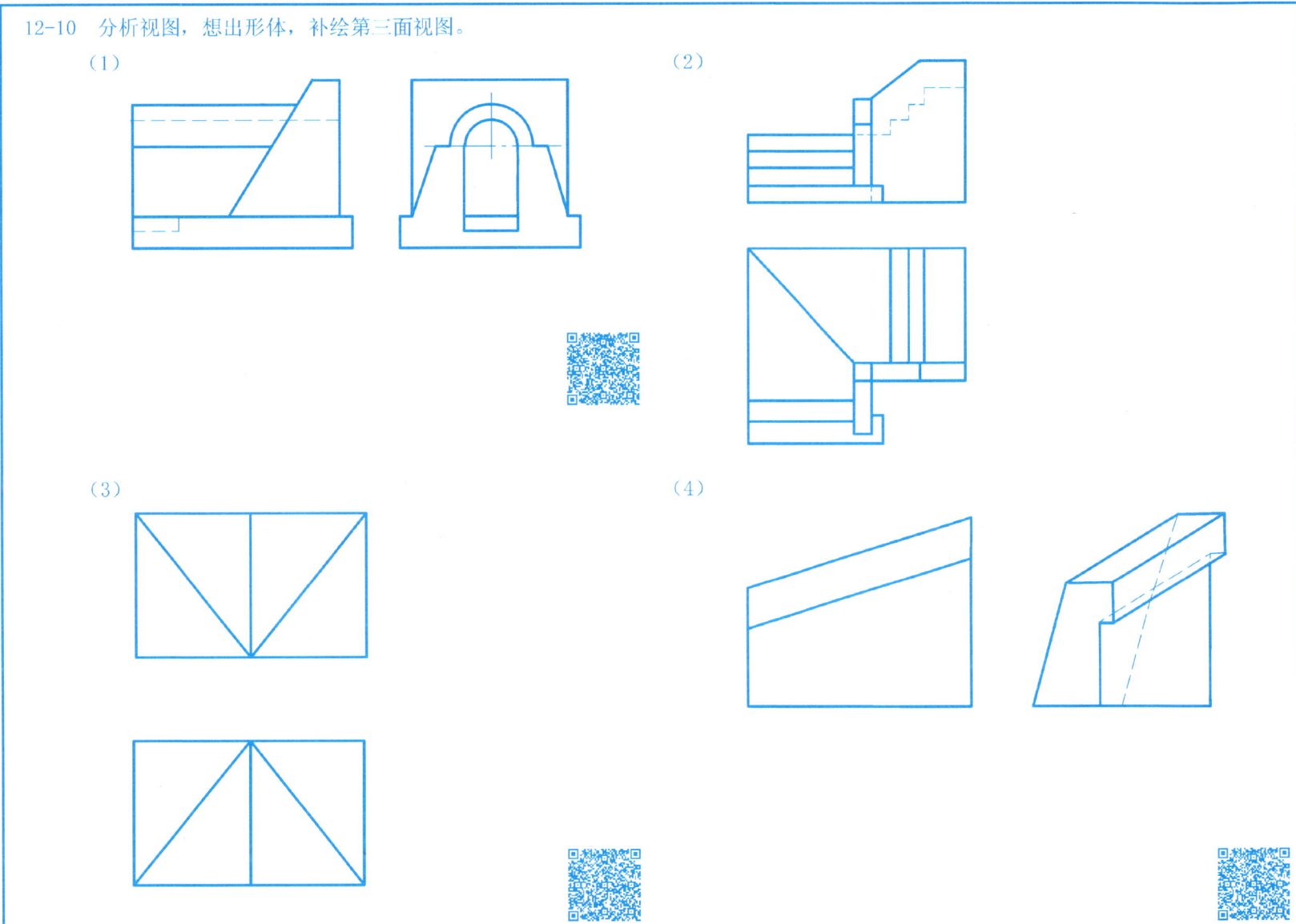

12-11　分析视图，想出形体，补绘第三面视图。

（1）

（2）

（3）

12-12　作建筑形体的*A*向斜视图。

右侧立面图　　　　正立面图

A

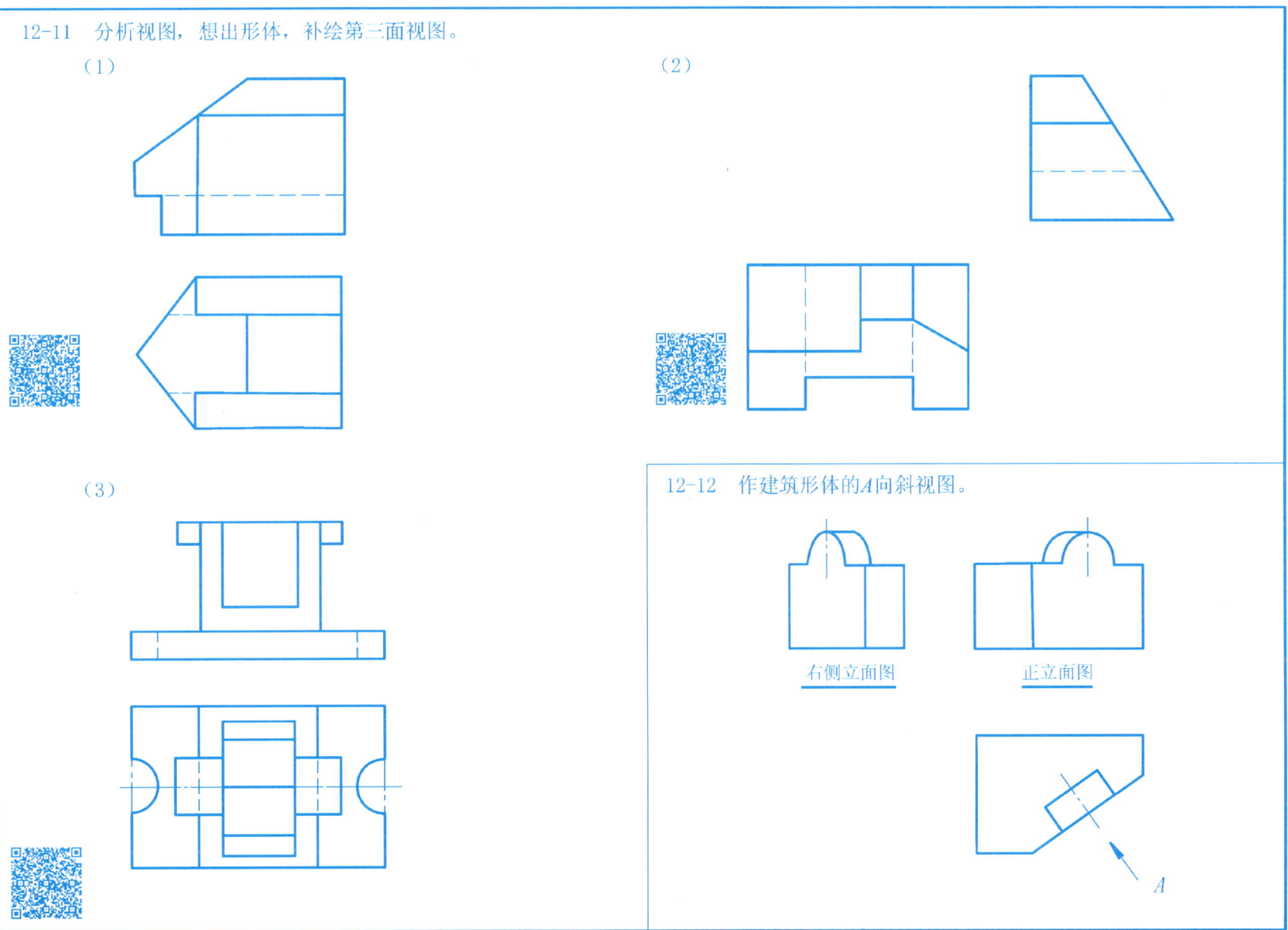

12-13 根据主视图，运用联想法构思出不同的组合体，并补绘其他两个视图。

（1）

（2）

（3）

（4）

12-14　根据俯视图，运用发散思维构想出不同的组合体，并补绘其他两个视图。

（1）

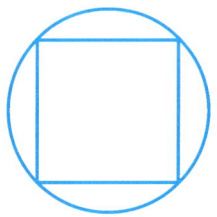

（2）

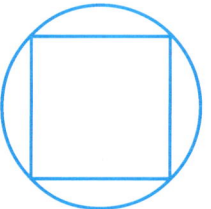

（3）

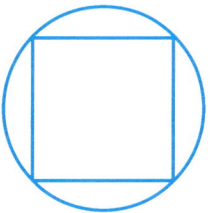

（4）

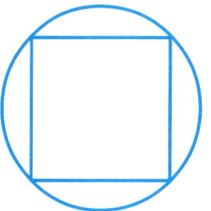

12-15　根据俯视图构思出不同的组合体，并补绘其他两个视图。

（1）

（2）

（3）

（4）

12-16　根据台阶轴测图，按1：1的比例画出三视图,再以1：50的比例标注尺寸(取整）。

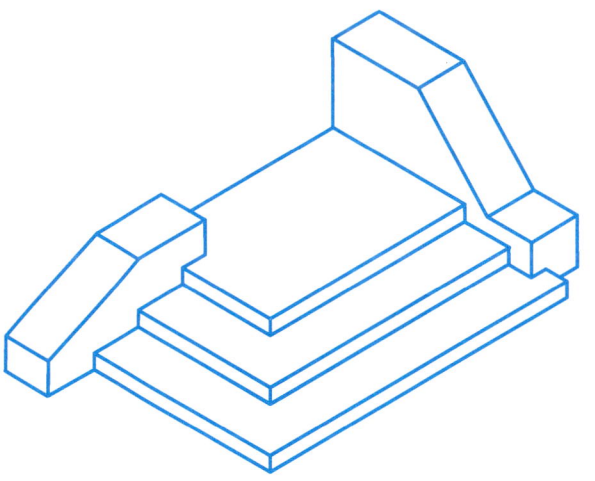

12-17　根据梁、板、柱节点轴测图，按1∶1的比例正确画出视图,再以1∶50的比例标注尺寸(取整)。

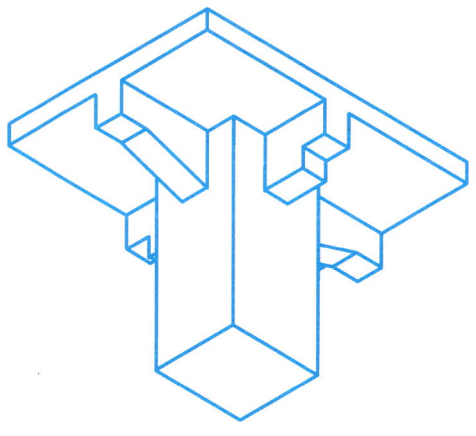

13-1　将正面投影画成全剖视图。

13-2　画出组合体的侧面投影，并将正面投影和侧面投影改成适当的剖视图。

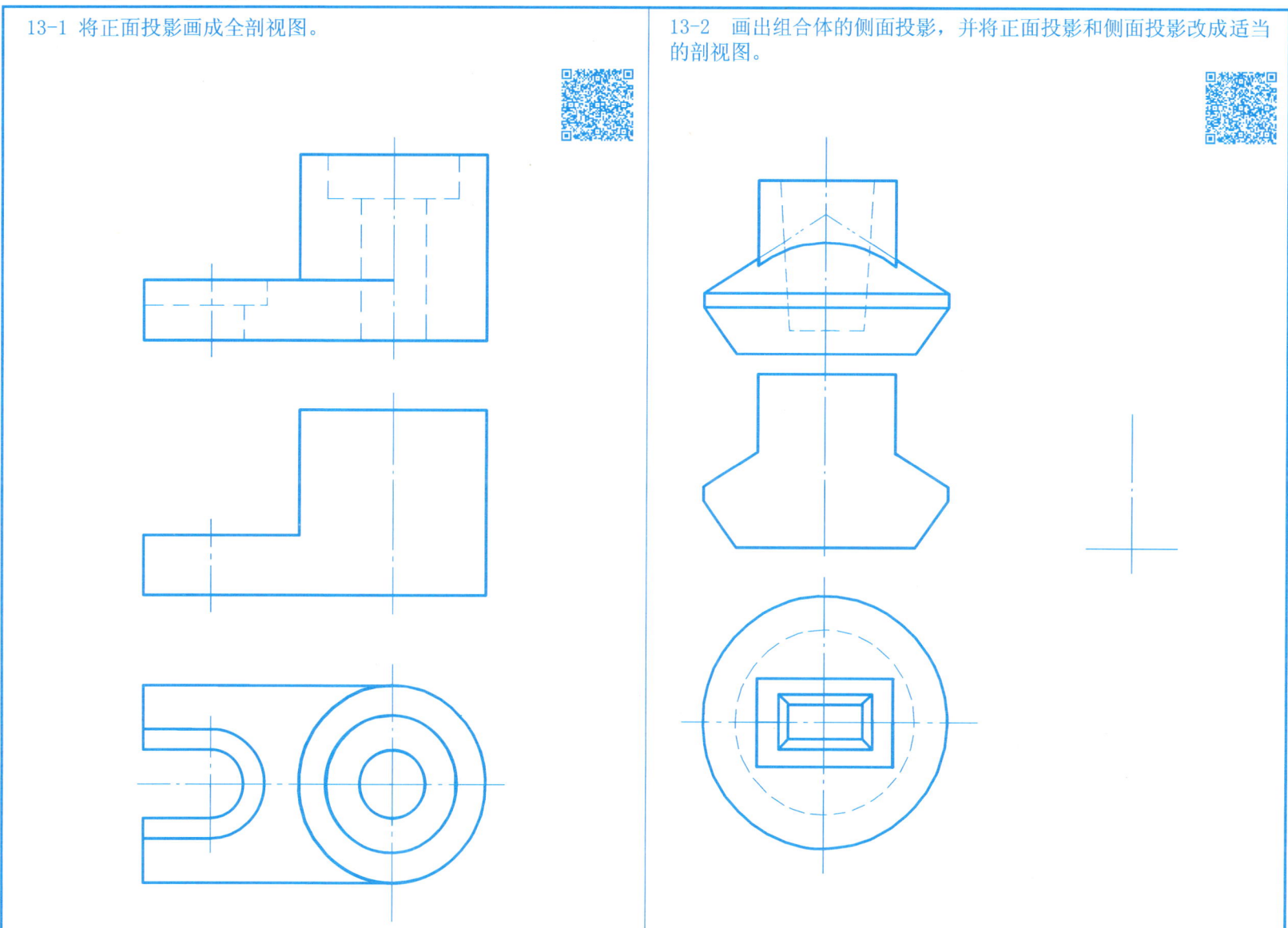

13-3　将形体的正面投影改为半剖视图，并将形体的侧面投影画成全剖视图。

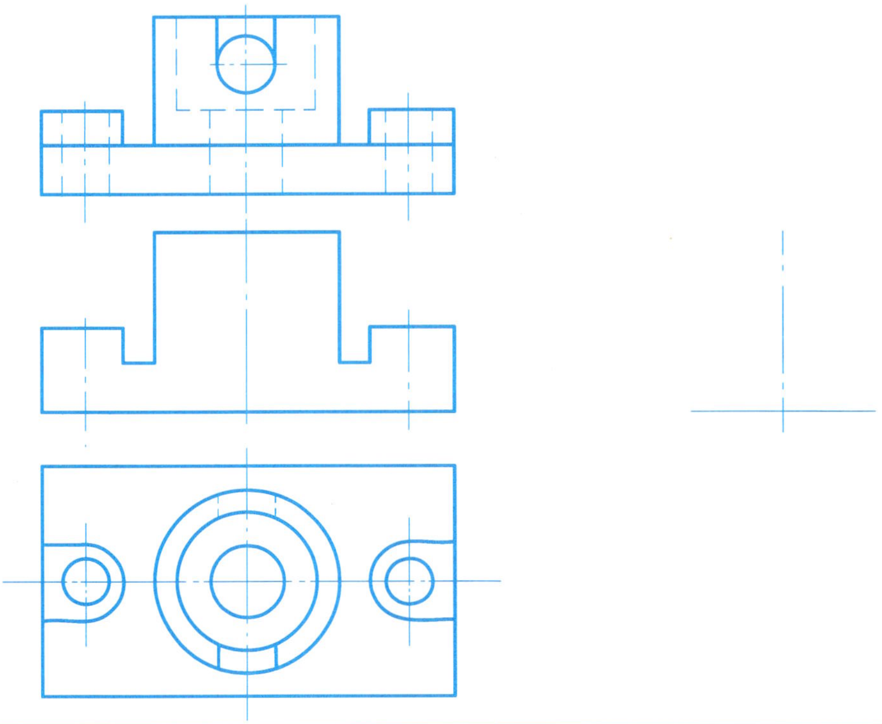

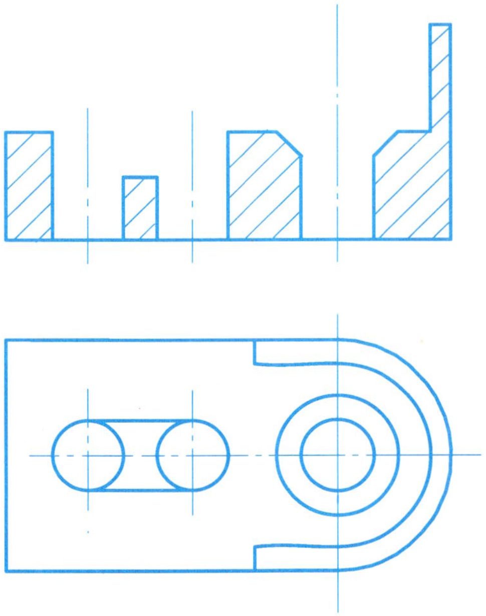

13-5　补绘半剖视图中所缺的图线。

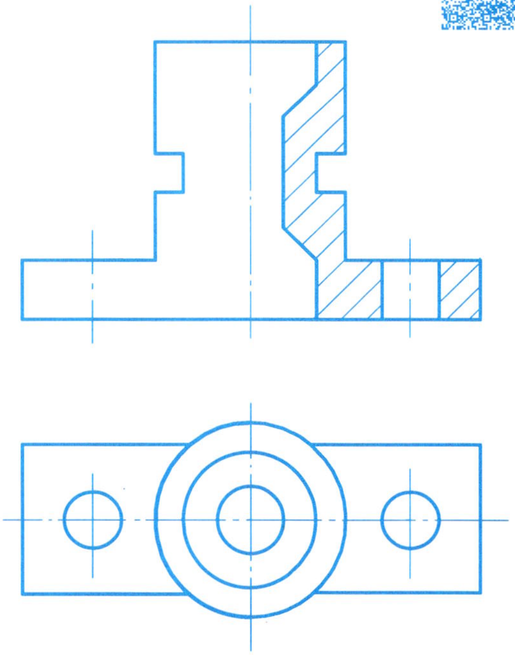

13-4　补绘全剖视图中所缺的图线。

13-6　将形体的正面投影和水平投影改成局部剖视图。

13-7　将形体的正面投影改成阶梯剖视图。

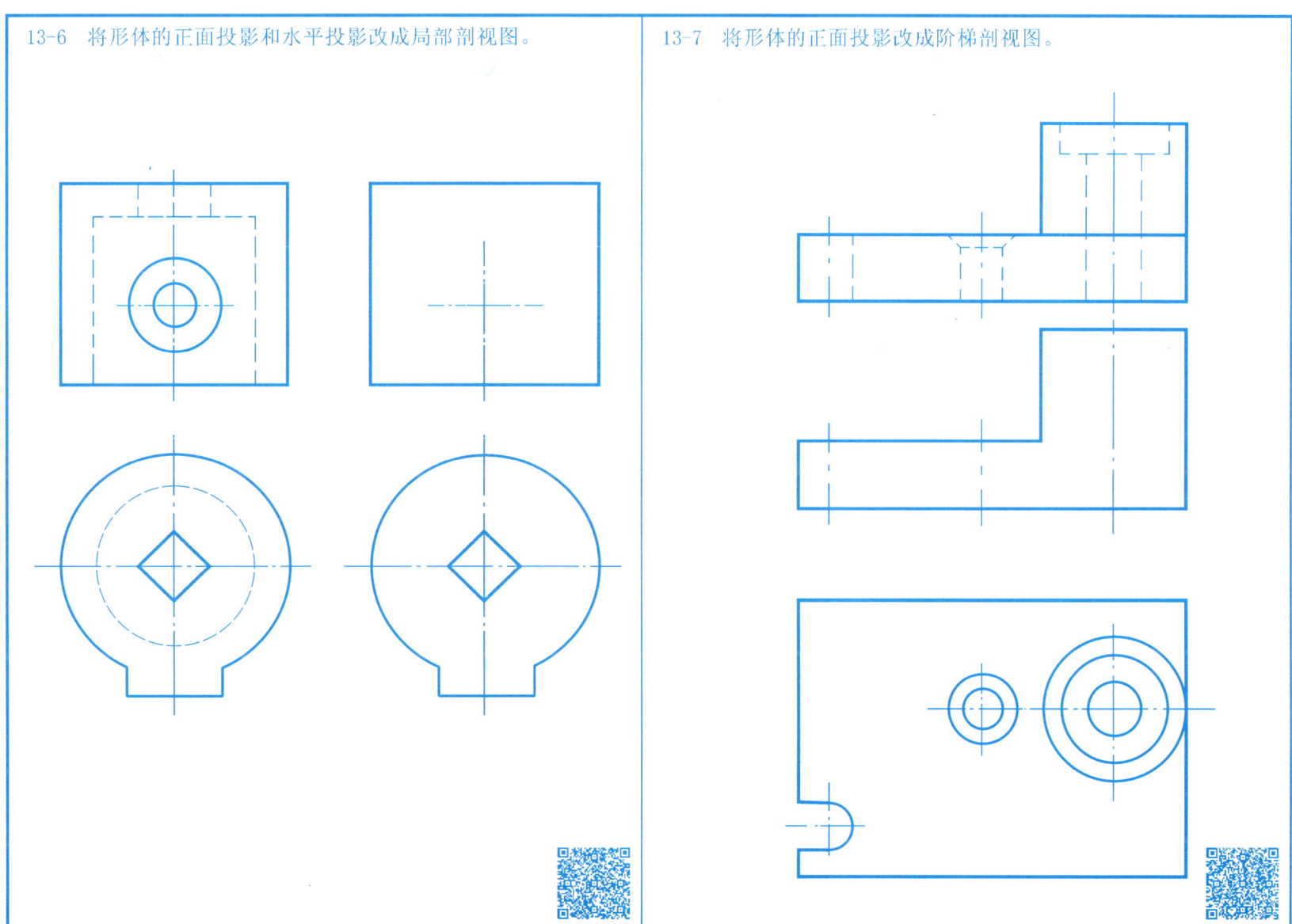

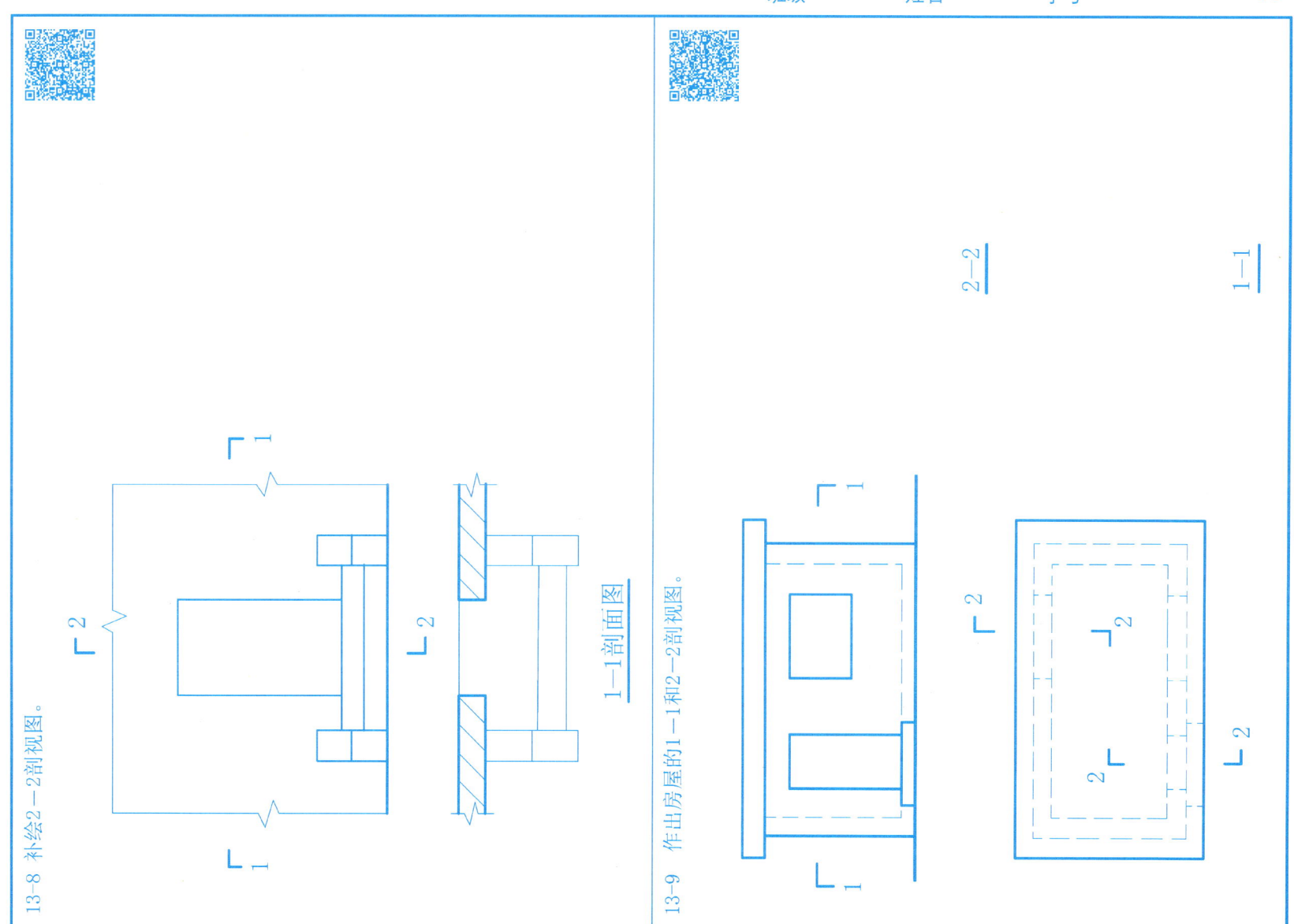

13-8 补绘2—2剖视图。

1—1剖面图

13-9 作出房屋的1—1和2—2剖视图。

2—2

1—1

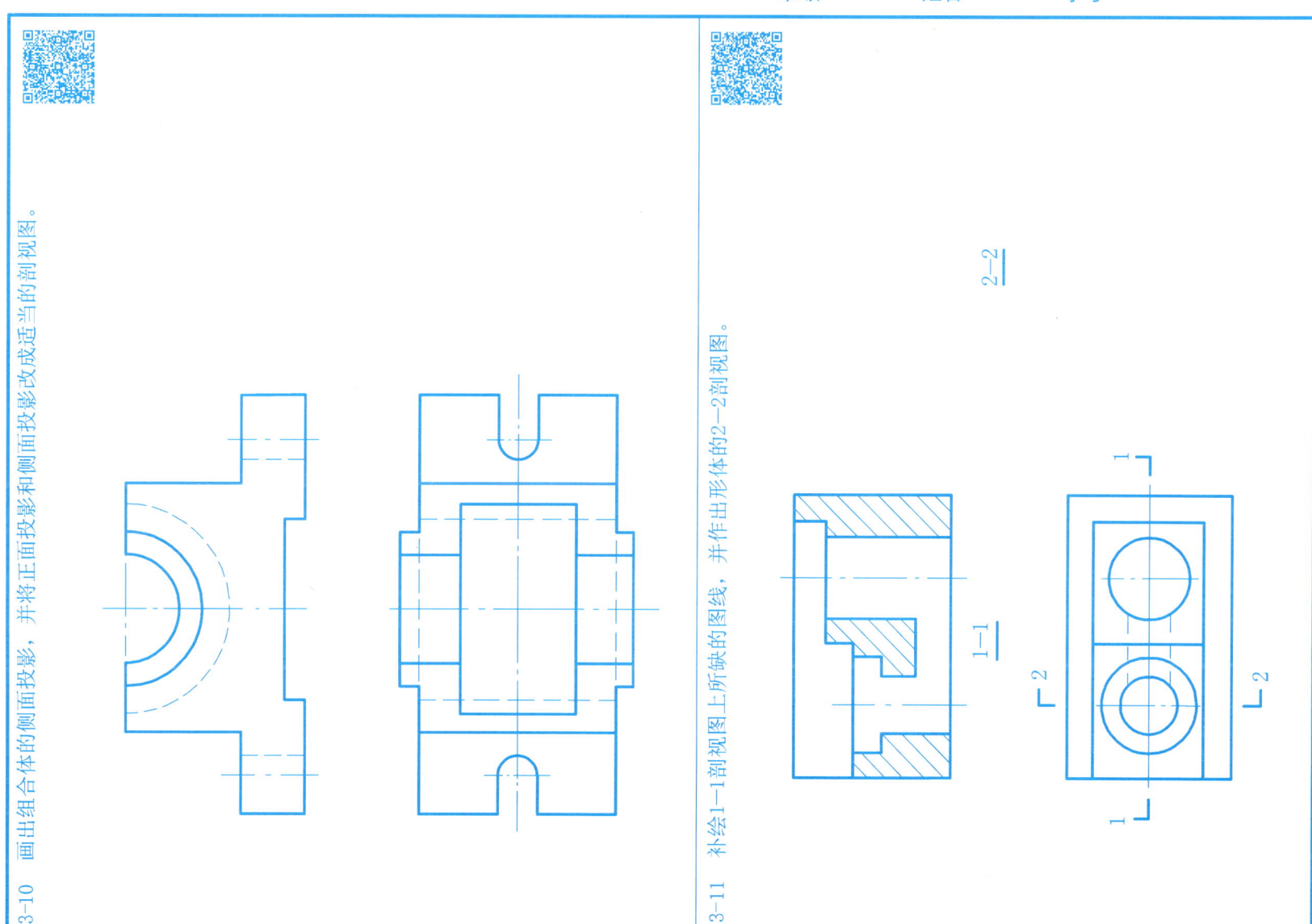

13-10　画出组合体的侧面投影，并将正面投影和侧面投影改成适当的剖视图。

13-11　补绘1—1剖视图上所缺的图线，并作出形体的2—2剖视图。

13-12　将形体的正面投影改成旋转剖面图。

13-13　作出形体的1—1和2—2剖面图。

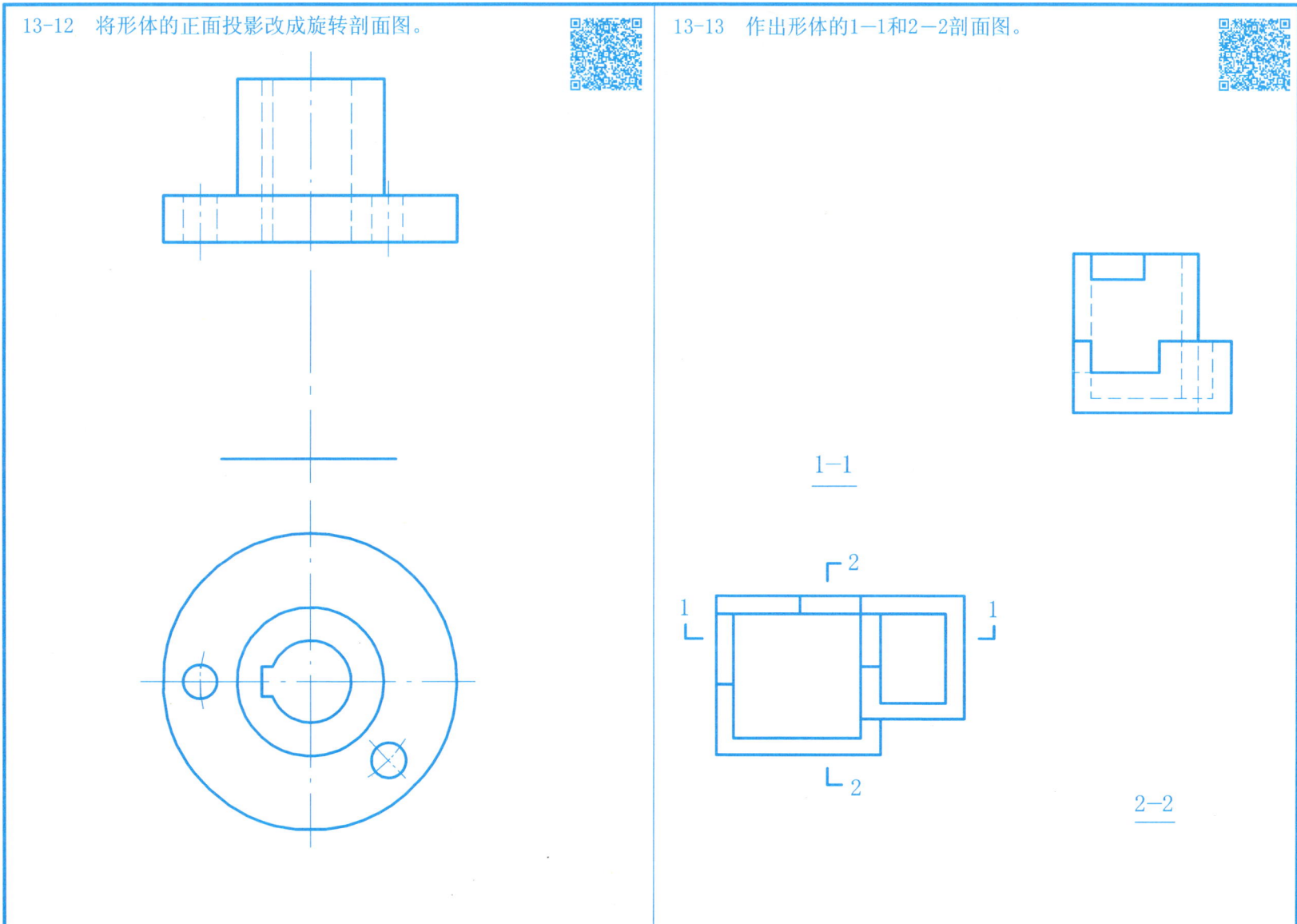

1—1

2—2

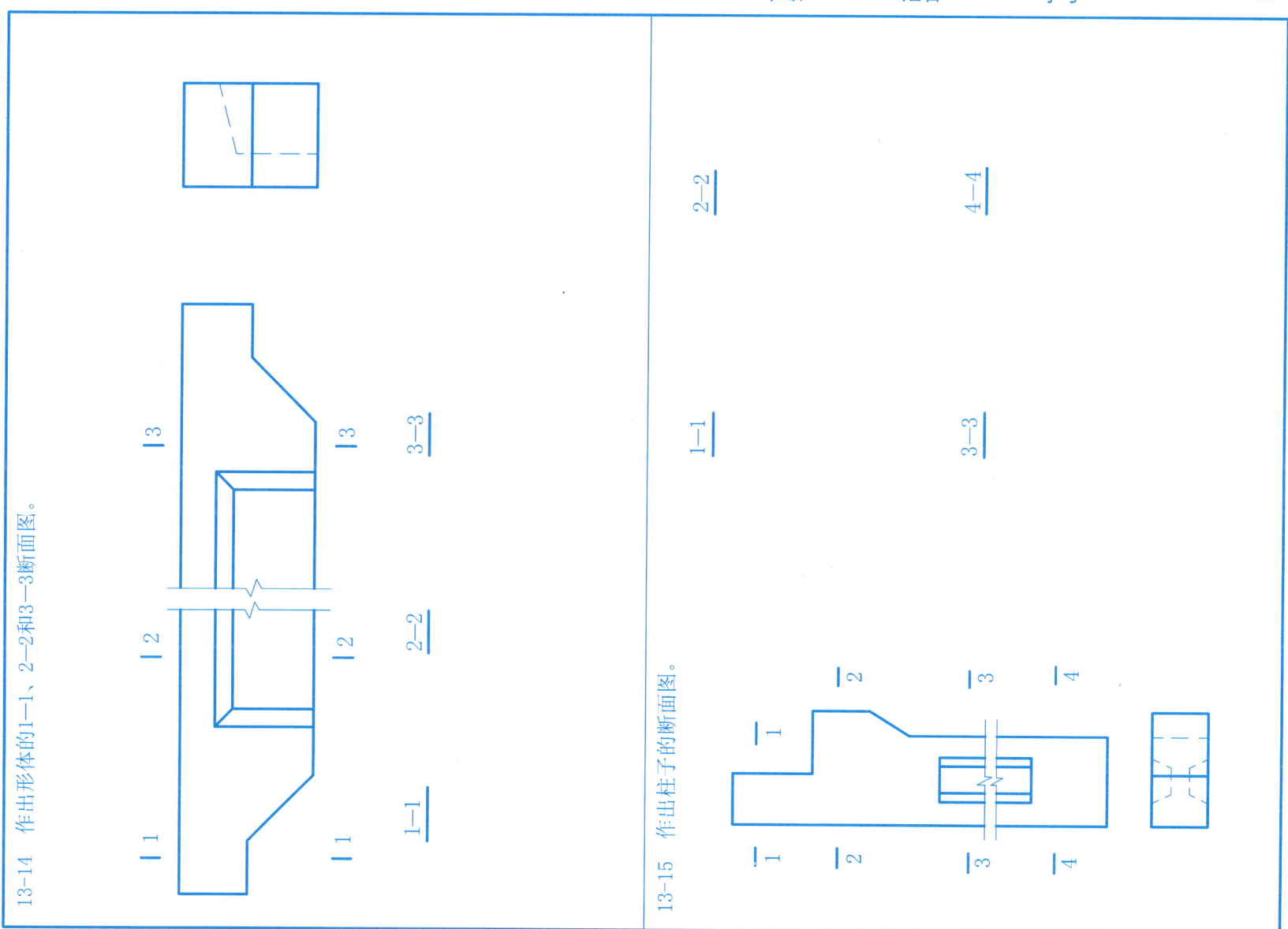

13-14　作出形体的1—1、2—2和3—3断面图。

13-15　作出柱子的断面图。

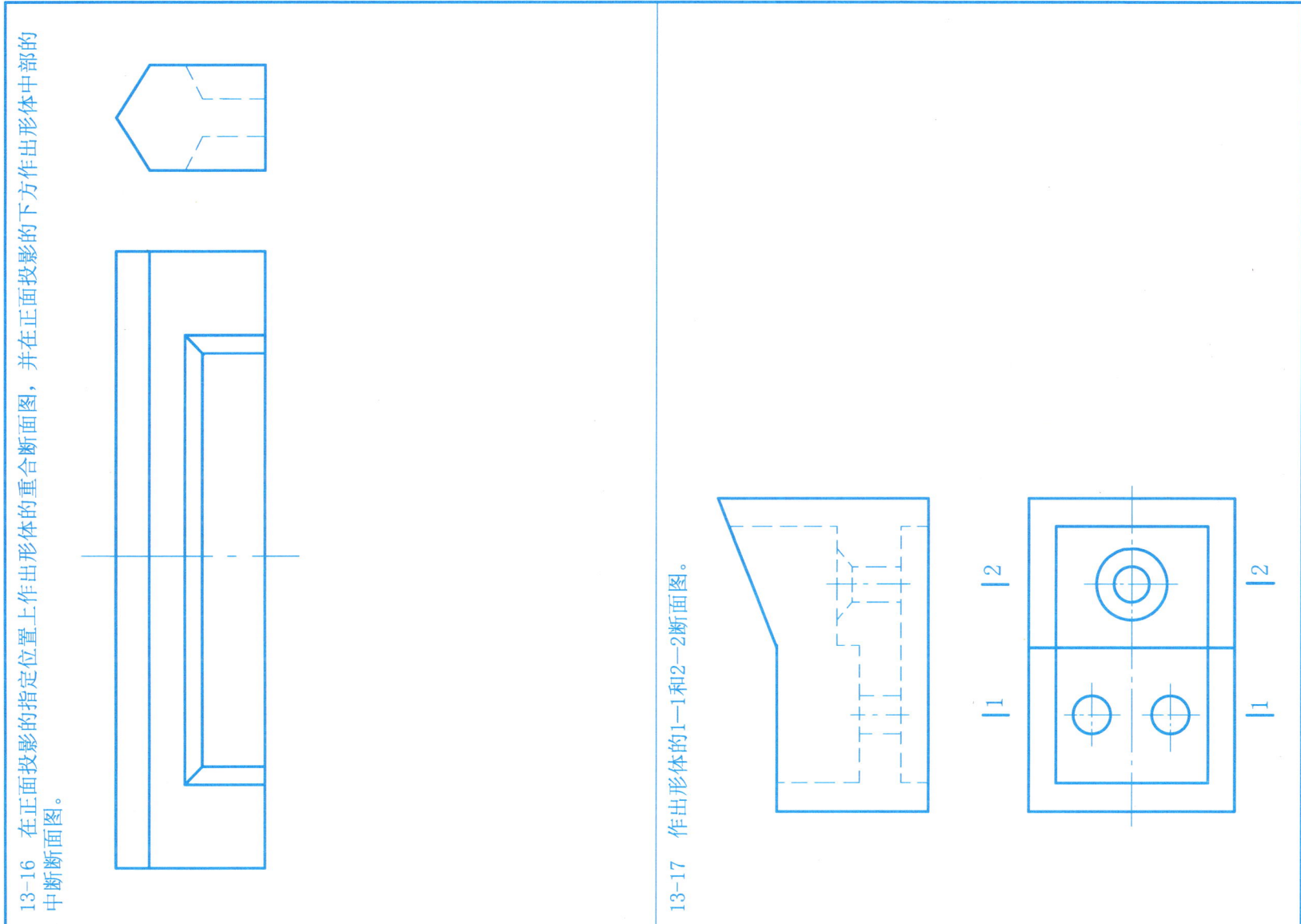

13-16　在正面投影的指定位置上作出形体的重合断面图，并在正面投影的下方作出形体中部的中断断面图。

13-17　作出形体的1—1和2—2断面图。

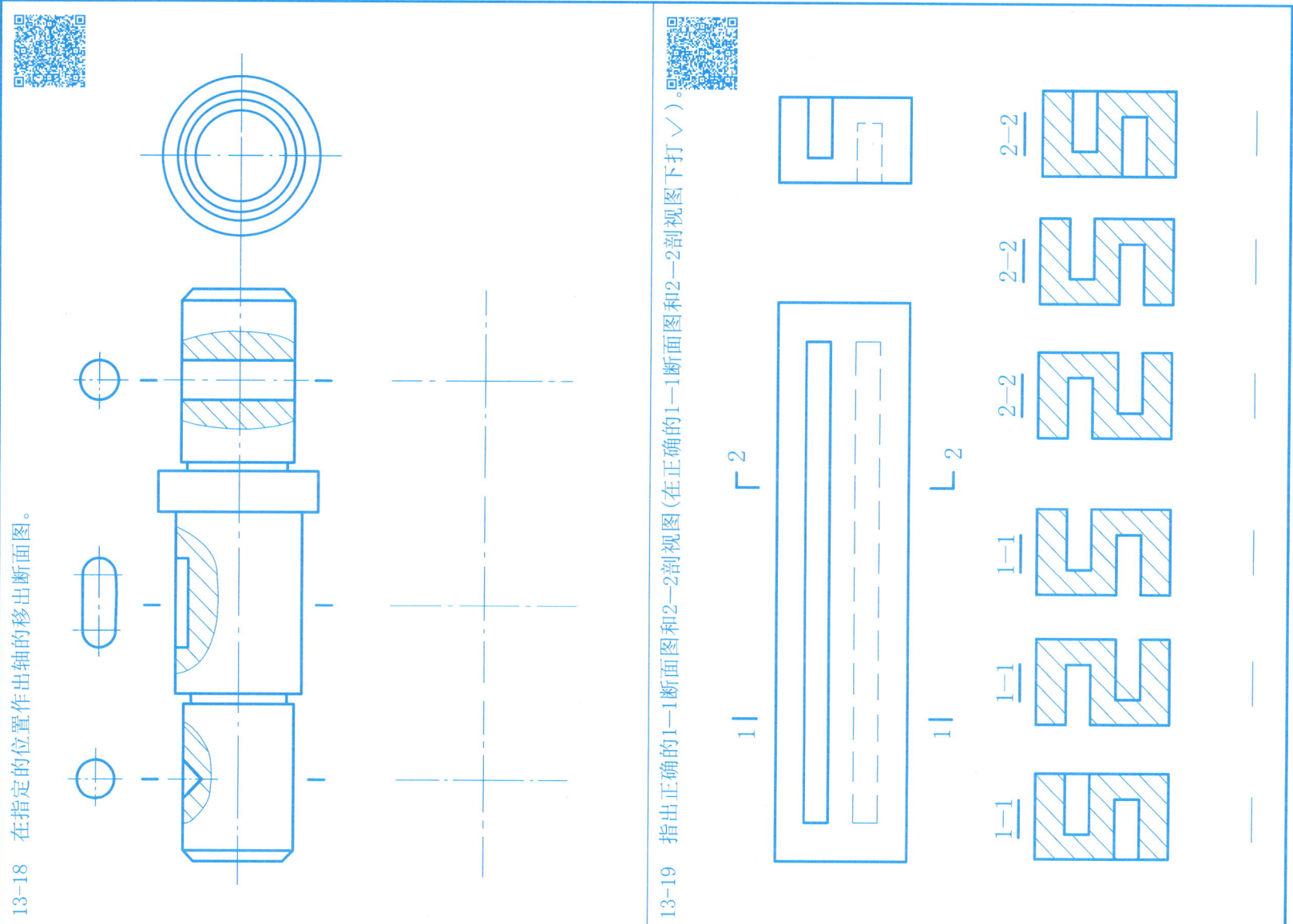

13-18　在指定的位置作出轴的移出断面图。

13-19　指出正确的1—1断面图和2—2剖视图(在正确的1—1断面图和2—2剖视图下打 √)。

（1）

（2）

13-21 由已知视图：① 想象出形体空间形状；② 画出左视图；③ 采用适当的表达方式；④ 标注尺寸（尺寸数值直接在图上量取，取整数）。

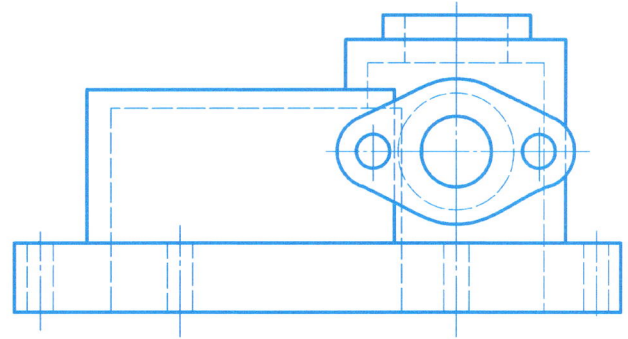

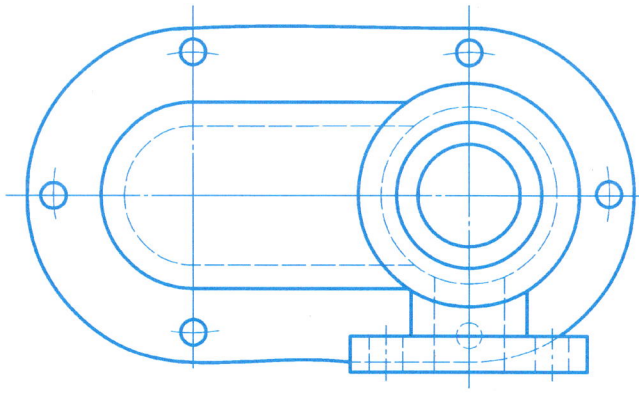

13-22 由给定的俯视图和轴测图想象出形体空间形状，画出主视图、左视图，并作适当剖切 。

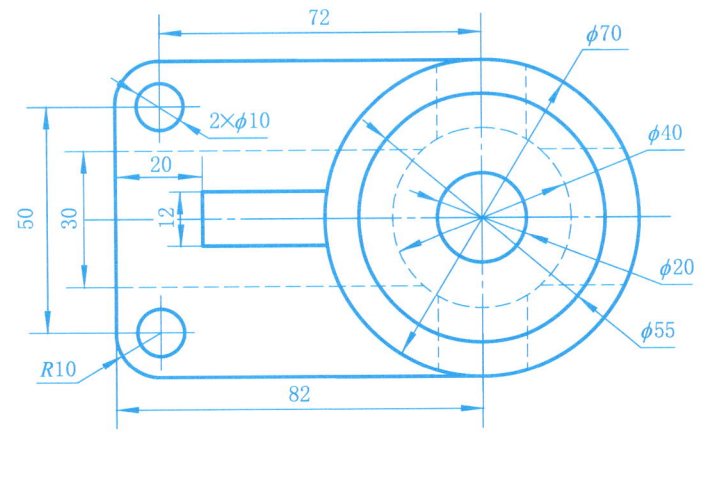

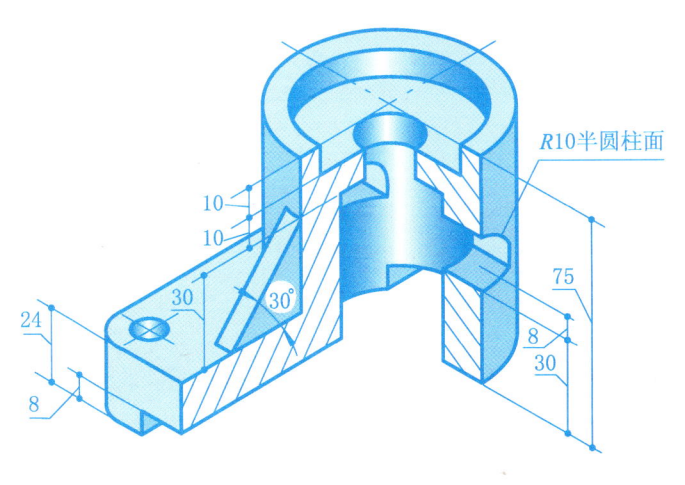

14　建筑施工图

14-1　阅读本习题集第106～111页某科技园住宅小区建筑施工图。

14-2　在A3幅面的图纸上用1：100的比例抄绘底层平面图。

14-3　在A3幅面的图纸上用1：100的比例抄绘①—④立面图（南立面图）。

14-4　在A3幅面的图纸上用1：100的比例抄绘1—1剖面图。

14-5　在A2幅面的图纸上用1：50的比例绘制楼梯间详图。

本作业目的：

（1）熟悉、了解建筑平、立、剖面图的内容和表示方法。

（2）学习并掌握绘制建筑平、立、剖面图的方法和步骤。

本作业注意事项：

1.绘制底层平面图

（1）平面图的绘制方法和步骤参见《画法几何与土木工程制图》(第五版)(以下简称教材)图14-19。

（2）平面图中图线线宽规定如下：

① 被剖到的墙身轮廓线用粗实线，线宽推荐0.7mm。

② 被剖到的非承重墙身轮廓线，未剖到的可见的楼梯、台阶、散水、墙身轮廓线，门的开启线用中实线，线宽0.35mm。

③ 轴线、尺寸线、尺寸界线、图例等用细实线，线宽0.18mm。

④ 楼梯间的相关画法见教材图14-31。

2.绘制立面图

（1）立面图的绘制方法和步骤参见教材图14-24。

（2）立面图中门窗、阳台、雨篷的位置及大小可由平面图得到。

（3）立面图中图线线宽规定如下：

① 立体图外形轮廓线用粗实线（线宽0.7mm）；地平线用加粗实线（线宽1.5mm）。

② 门窗洞口、檐口、阳台、台阶、勒脚等的轮廓线用中实线（线宽0.35mm）。

③ 窗口分隔线、尺寸线、尺寸界线等用细实线（线宽0.18mm）。

3.绘制剖面图

（1）绘制剖面图的方法和步骤详见教材图14-28。

（2）剖面图的剖切位置由教师指定。

（3）绘制剖面图时，要参考平面图、立面图的有关尺寸。

（4）剖面图中的图线线宽和字号的要求同平面图。

4.字号

（1）轴线编号圆的直径为8mm，编号数字用5号字，尺寸数字用3.5号字。

（2）门窗编号、剖切符号编号、表示楼梯上下行的文字等用5号字。

（3）标题栏中图名、图号用10号字，校名用7号字，其余用5号字。

5.各图例、符号的画法

参见教材第14章相关内容。

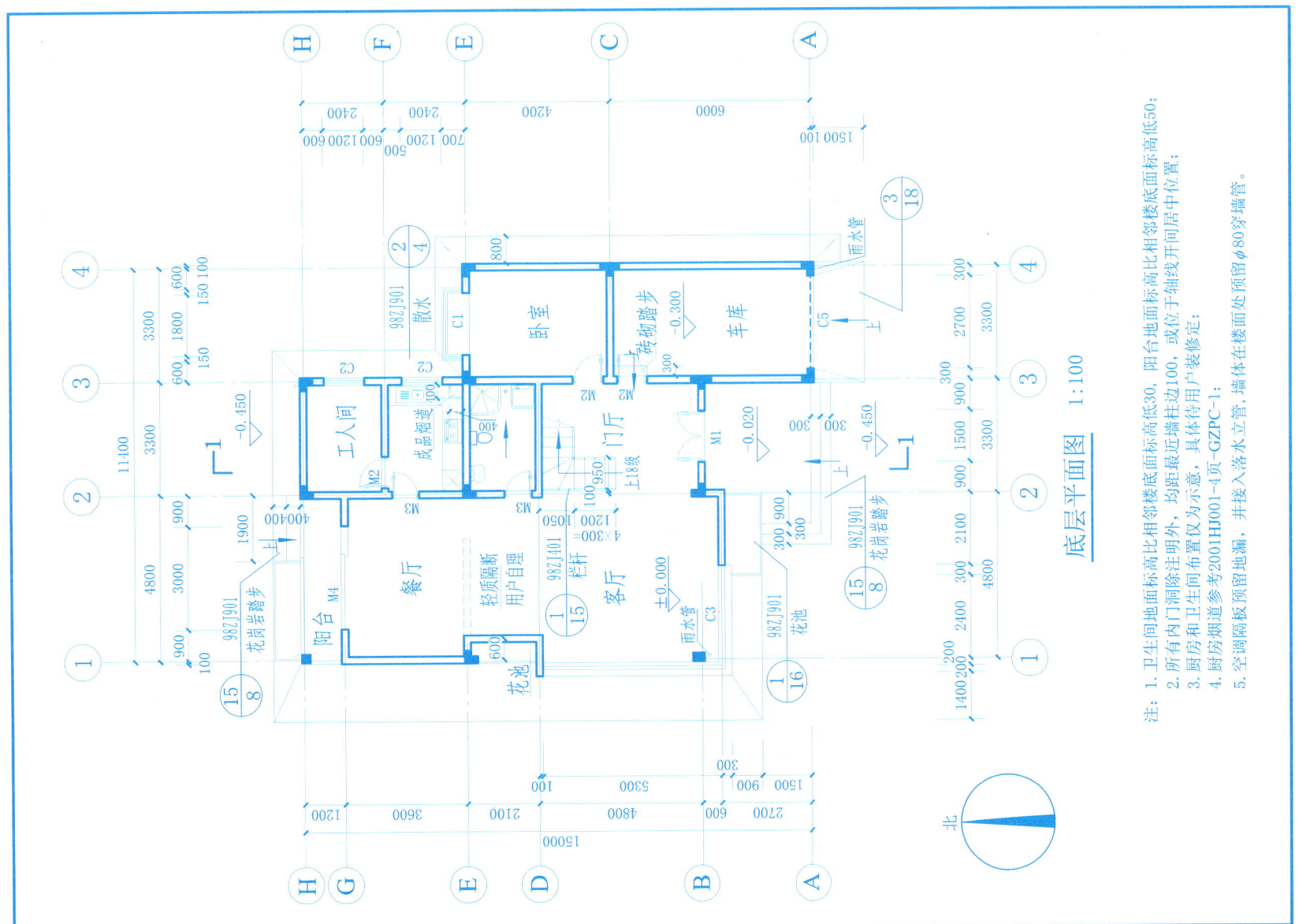

底层平面图　1:100

注：1. 卫生间地面标高比相邻楼面标高低30，阳台地面标高比相邻楼底面标高低50；
　　2. 所有内门洞除注明外，均距最近墙柱边100，或位于轴线开间居中位置，具体使用户装修定；
　　3. 厨房和卫生间布置仅为示意，具体作使用户装修定；
　　4. 厨房烟道参考2001HJ001-4页-GZPC-1；
　　5. 空调隔板预留地漏，并接入洛水立管，墙体在楼面处预留φ80穿墙管。

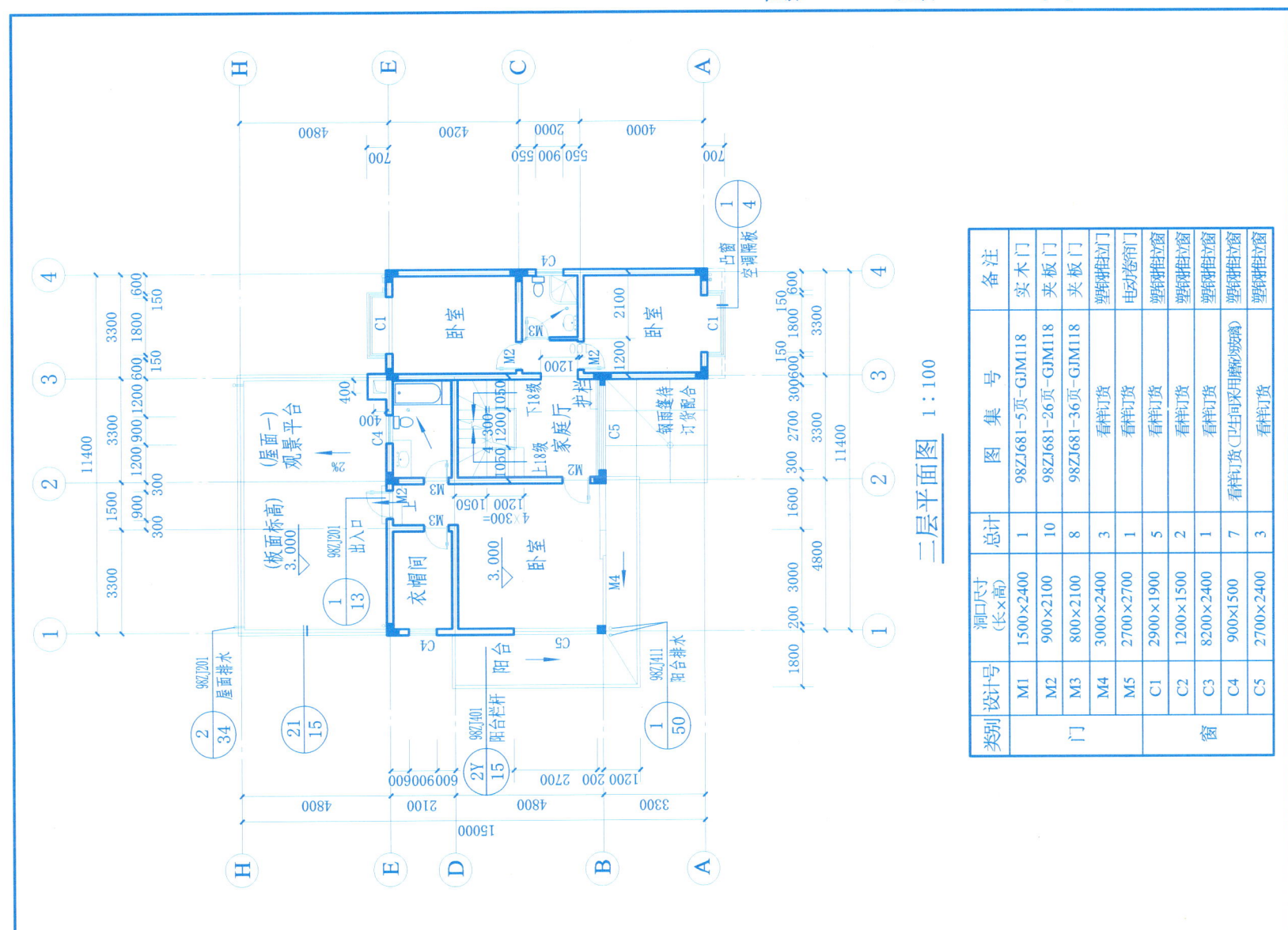

二层平面图 1:100

类别	设计号	洞口尺寸(长×高)	总计	图集号	备注
门	M1	1500×2400	1	98ZJ681-5页-GJM118	实木门
	M2	900×2100	10	98ZJ681-26页-GJM118	夹板门
	M3	800×2100	8	98ZJ681-36页-GJM118	夹板门
	M4	3000×2400	3	看样订货	门
	M5	2700×2700	1	看样订货	电动卷帘门
窗	C1	2900×1900	5	看样订货	塑钢推拉窗
	C2	1200×1500	2	看样订货	塑钢推拉窗
	C3	8200×2400	1	看样订货	塑钢推拉窗
	C4	900×1500	7	看样订货(门4中间采用磨砂玻璃)	塑钢推拉窗
	C5	2700×2400	3	看样订货	塑钢推拉窗

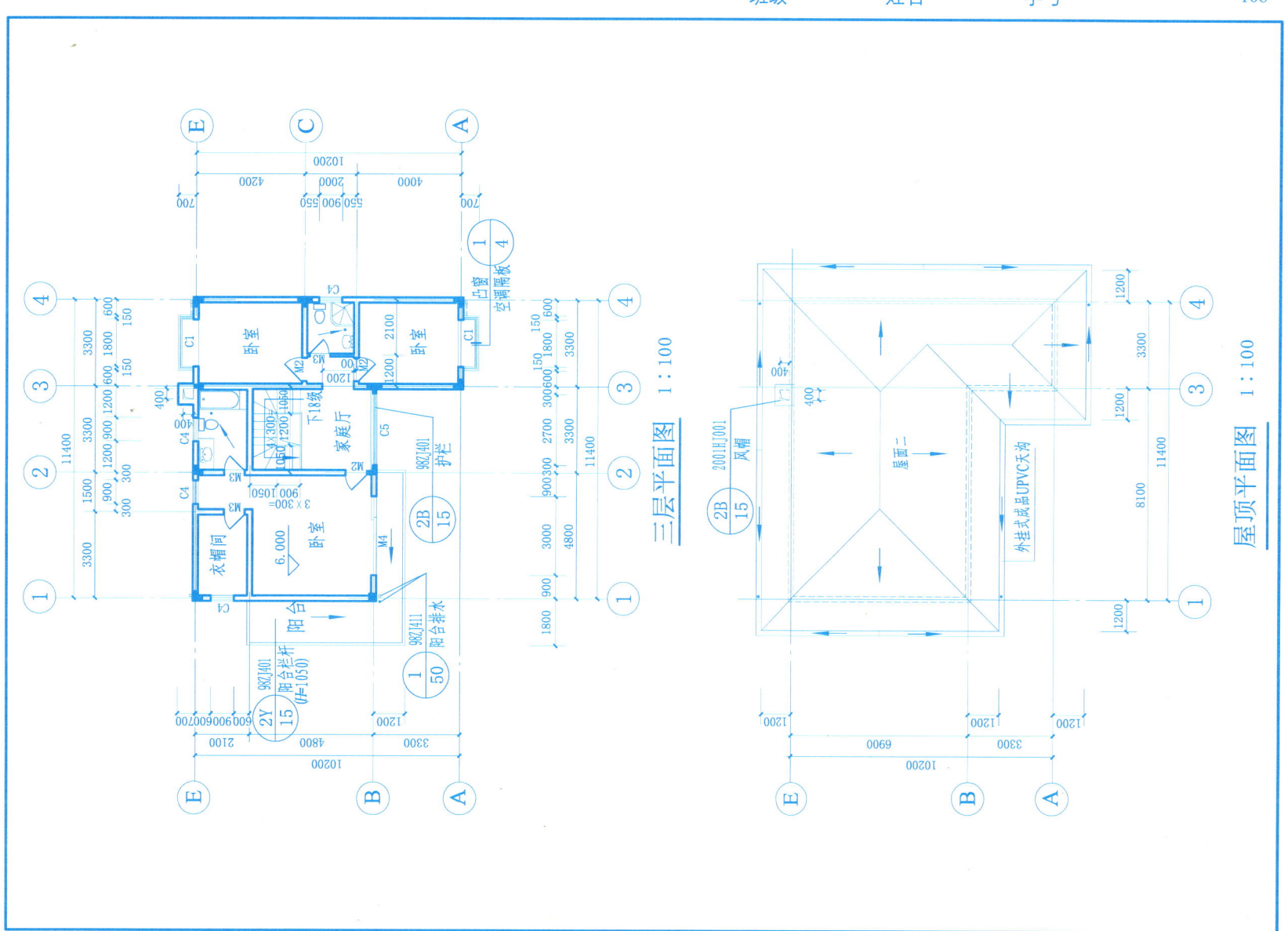

三层平面图　1：100

屋顶平面图　1：100

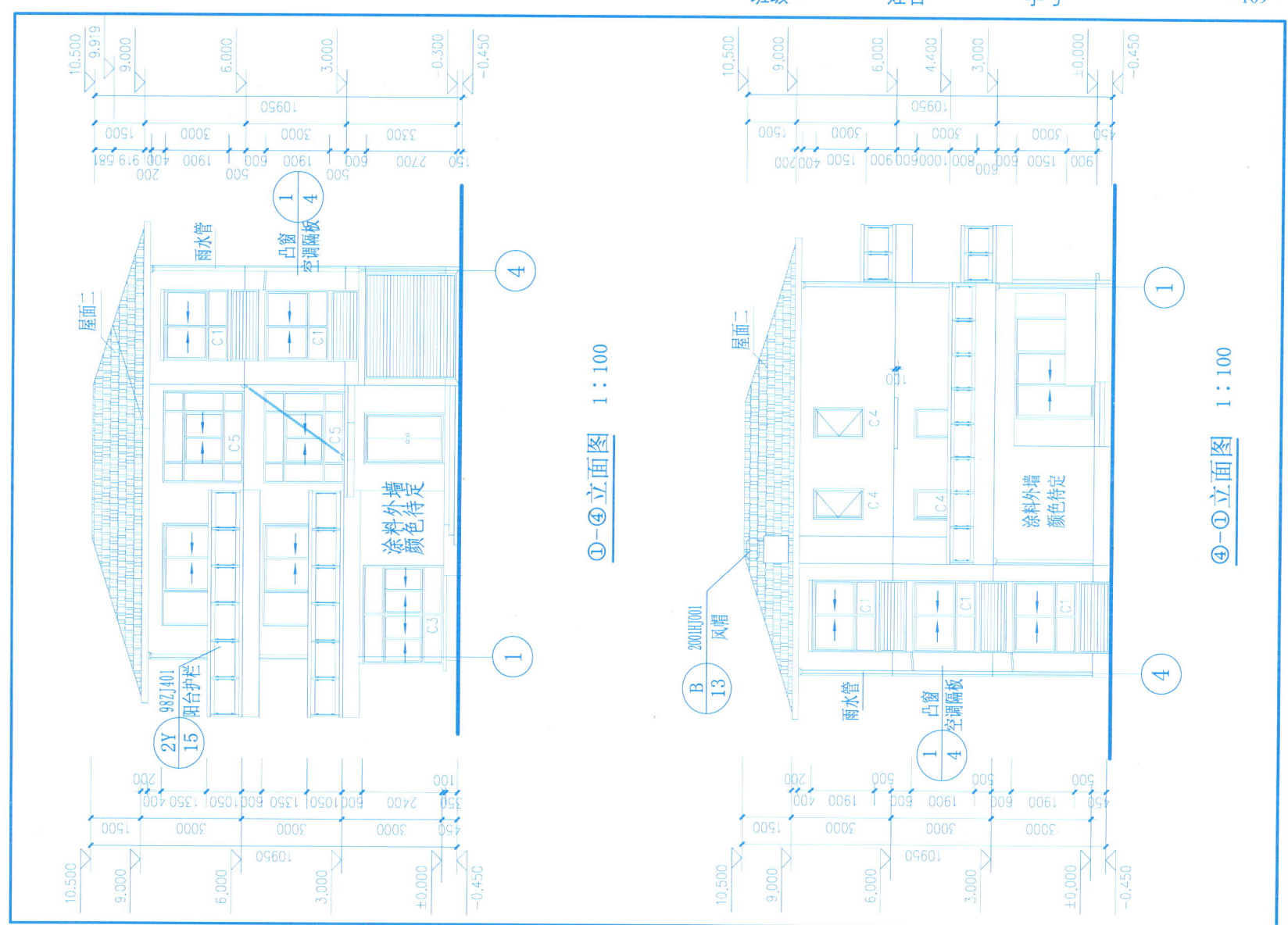

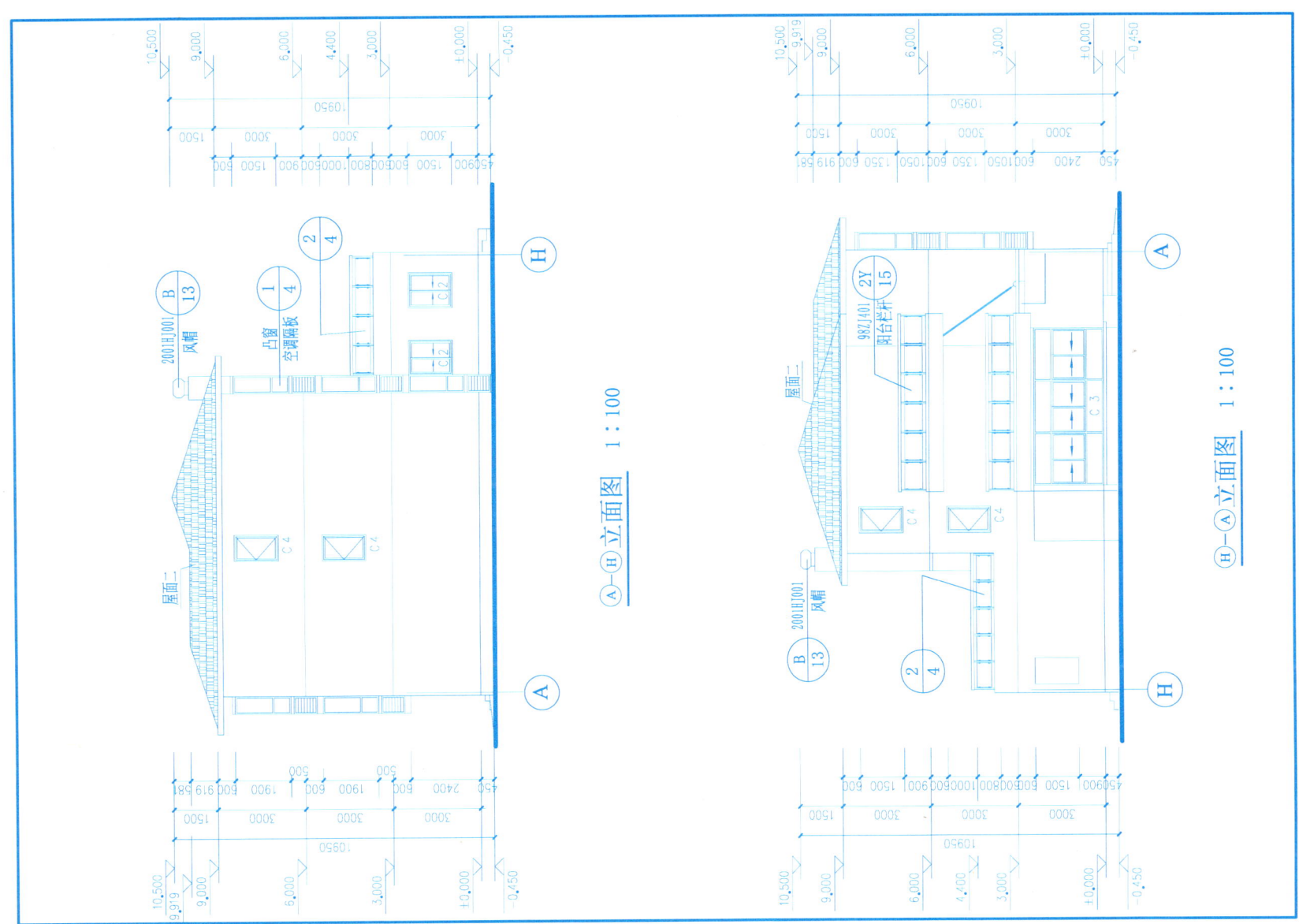

A—H立面图　1 : 100

H—A立面图　1 : 100

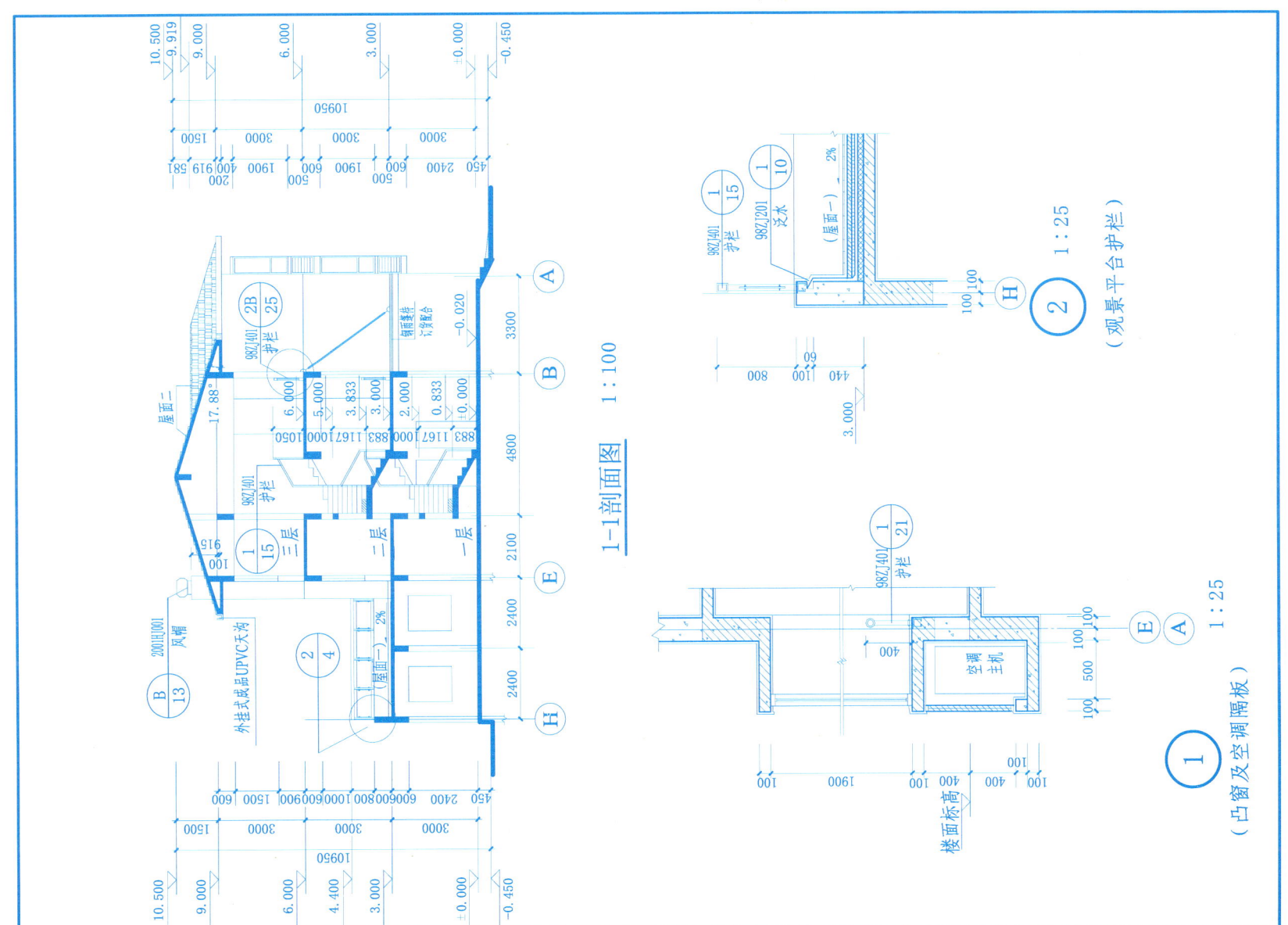

1—1剖面图　1：100

（观景平台护栏）
2
1：25

（凸窗及空调隔板）
1
1：25

14-6　在A3幅面的图纸上用1∶100的比例抄绘房屋的平面图、正立面图、1—1剖面图。

本作业目的：

（1）熟悉、了解建筑平、立、剖面图的内容和表示方法。

（2）学习并掌握绘制建筑平、立、剖面图的方法和步骤。

本作业注意事项：参看第105页。

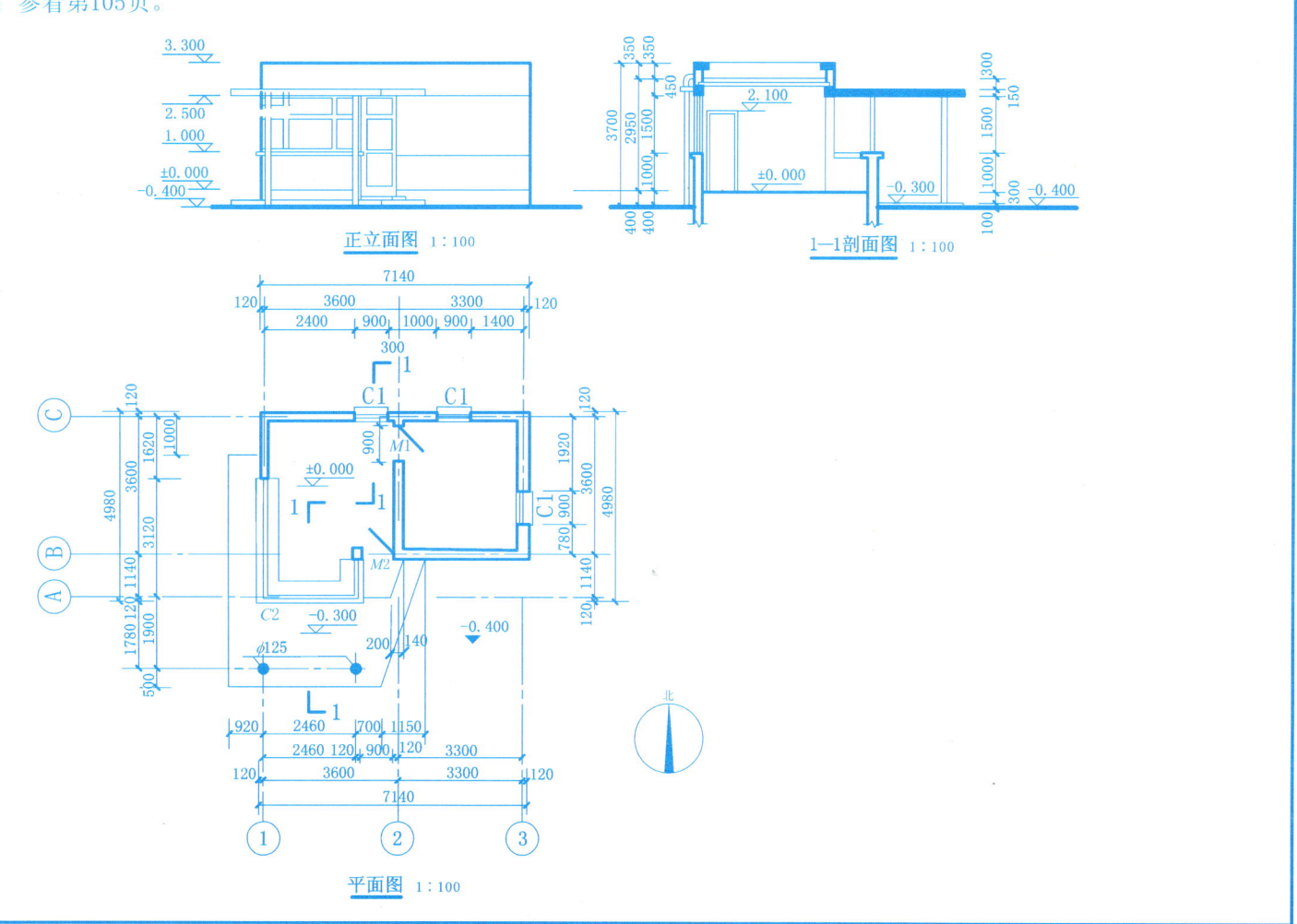

正立面图　1∶100

1—1剖面图　1∶100

平面图　1∶100

14-7 已知房屋的轴测图，按1：50的比例绘制房屋的平面图（作业在下页完成）。

要求：图线符合规定，按图例画门窗并将门窗编号，标注全部尺寸，标注定位轴线及编号，注写室内高，房屋入口朝南，画出指北针。

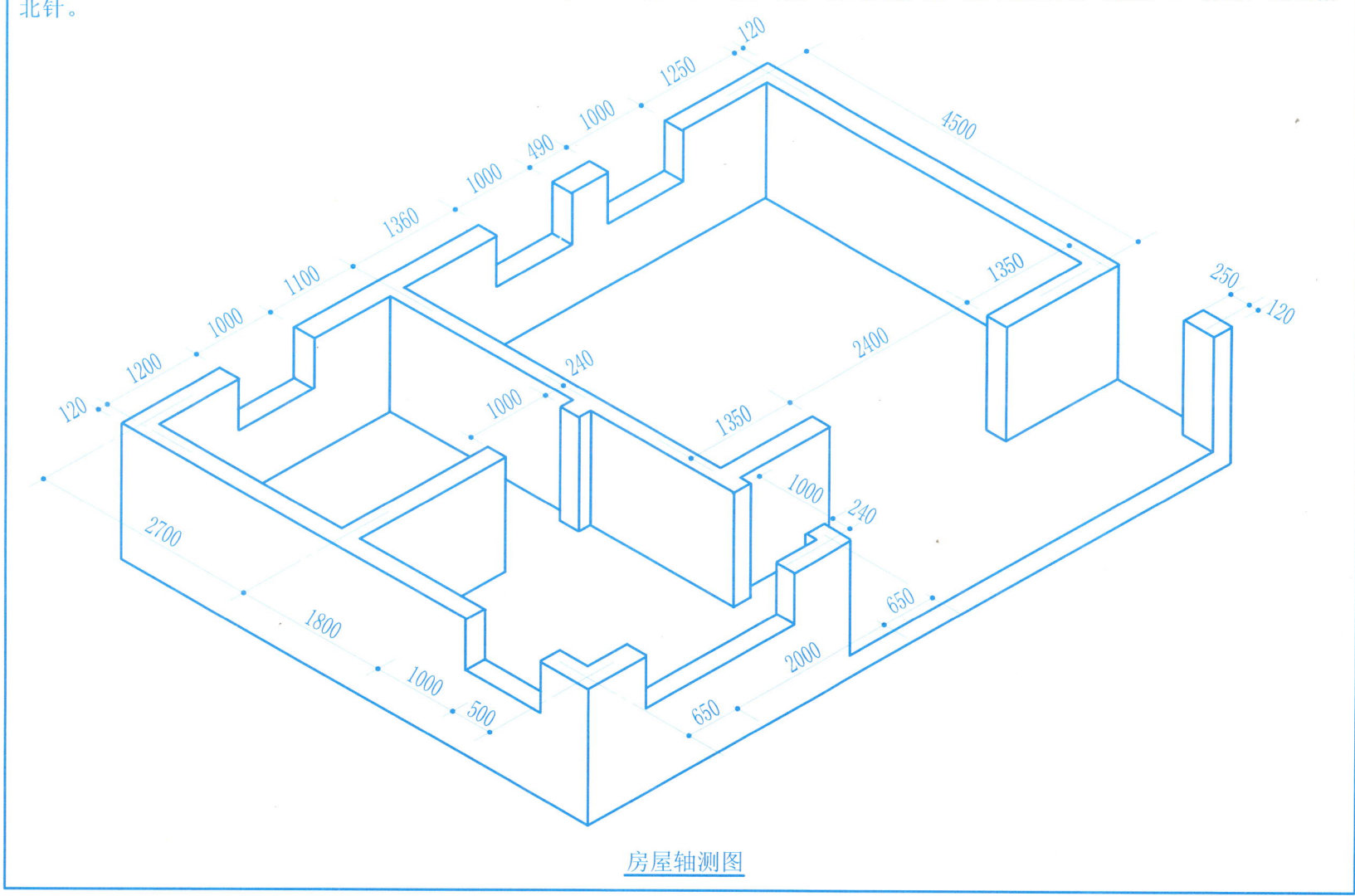

房屋轴测图

14-8　根据房屋的平面图、立面图和2—2剖面图，补绘1—1剖面图。

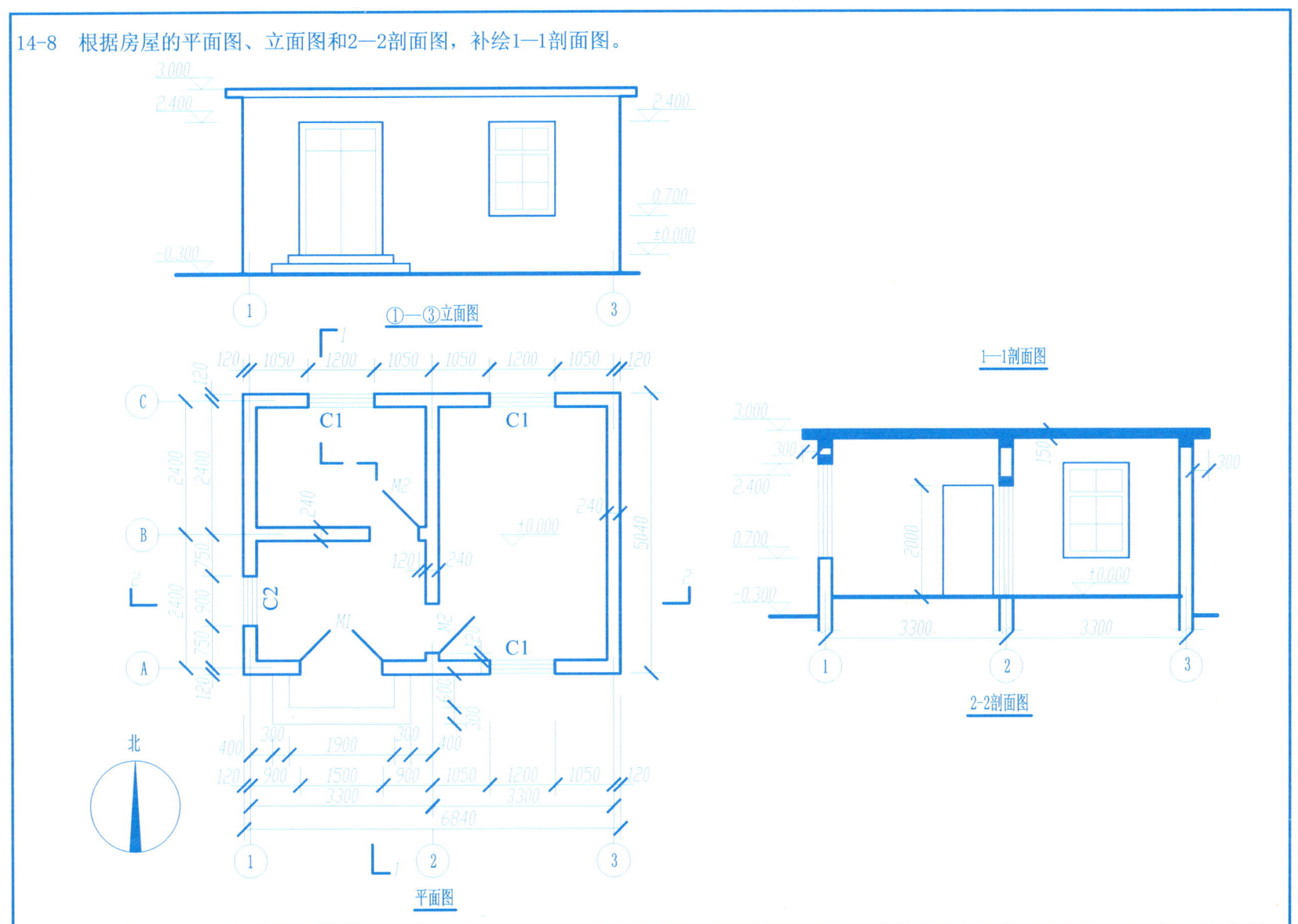

①—③立面图

1—1剖面图

2-2剖面图

平面图

北

14-9　已知房屋的平面图、正立面图，且外墙厚均为240mm，四周屋檐同宽，画出1—1剖面图。
要求：图线符合规定，标注尺寸及标高，画定位轴线写编号。

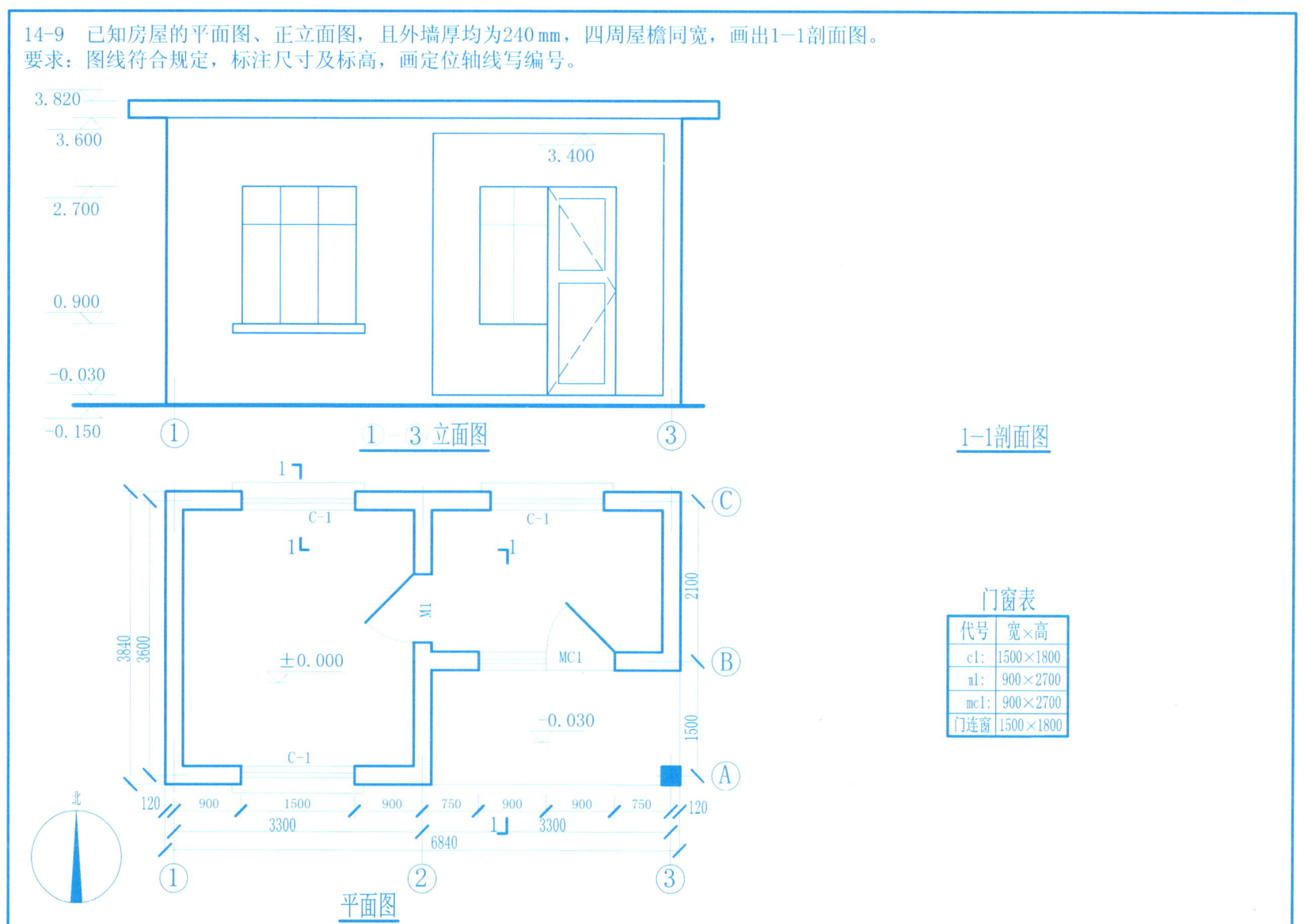

1—3立面图

1—1剖面图

平面图

门窗表

代号	宽×高
c1:	1500×1800
n1:	900×2700
mc1:	900×2700
门连窗	1500×1800

15-1　阅读本习题集第118～122页某科技园住宅小区部分结构施工图。

15-2　在A3幅面的图纸上用1∶100的比例抄绘第118页的基础平面布置图。

15-3　在A3幅面的图纸上抄绘第119页、第120页楼层结构平面布置图（不全尺寸及比例由教师指定）。

15-4　在A3幅面的图纸上抄绘第121页基础梁详图（不全尺寸及比例由教师指定）。

15-5　根据第122页的钢筋混凝土简支梁立体图，在A3幅面的图纸上绘制钢筋混凝土简支梁的施工图（模板图、配筋图、钢筋详图、钢筋材料表）。

本作业注意事项：

1. 绘制基础平面布置图

（1）基础平面布置图的绘制方法和步骤可参考教材第14章平面图的绘图方法和步骤。

（2）基础平面布置图中图线线宽规定如下：

① 基础梁用粗实线，推荐线宽1.0 mm。

② 其余用细线（细实线、细虚线、细点画线），线宽0.25 mm。

2. 绘制基础梁详图

（1）基础梁详图中的钢筋用粗实线。

（2）基础梁详图中的结构外轮廓用细实线。

3. 绘制楼层结构平面布置图

（1）绘制楼层结构平面布置图的方法和步骤可参考教材第14章平面图的绘图方法和步骤。

（2）现浇楼层结构平面布置图中图线线宽规定如下：

① 用粗实线画出受力筋、分布筋和其他构造钢筋的配置和弯曲情况。

② 用中粗实线表示圈梁。

③ 用中粗实线（线宽0.5 mm）表示结构平面图中可见墙身轮廓线，用中粗虚线表示不可见构件、墙身轮廓线。

④ 其余用细线。

4. 绘制梁的施工图

（1）图面布置建议如本页右下方图1所示，立面图为模板图与配筋图的合图；断面图根据需要选择数量。

（2）钢箍在配筋图上画出3～4支作代表。

（3）梁中受力钢筋的净保护层最少取25 mm。

（4）图名为钢筋混凝土简支梁。

（5）钢筋材料表格可参考教材图15-11。钢筋表外框用粗实线，内部分隔用细实线。

（6）各种图样的比例可根据幅面大小确定或由教师指定。

5. 图中的各图例、符号的画法

参见教材第14、15章的相关内容。

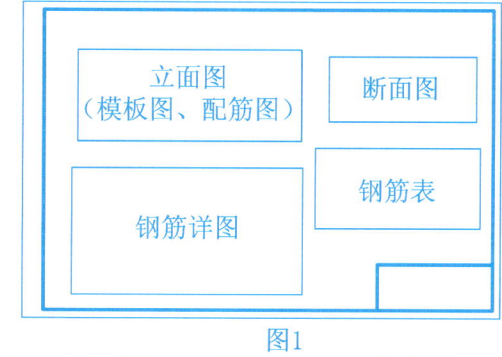

图1

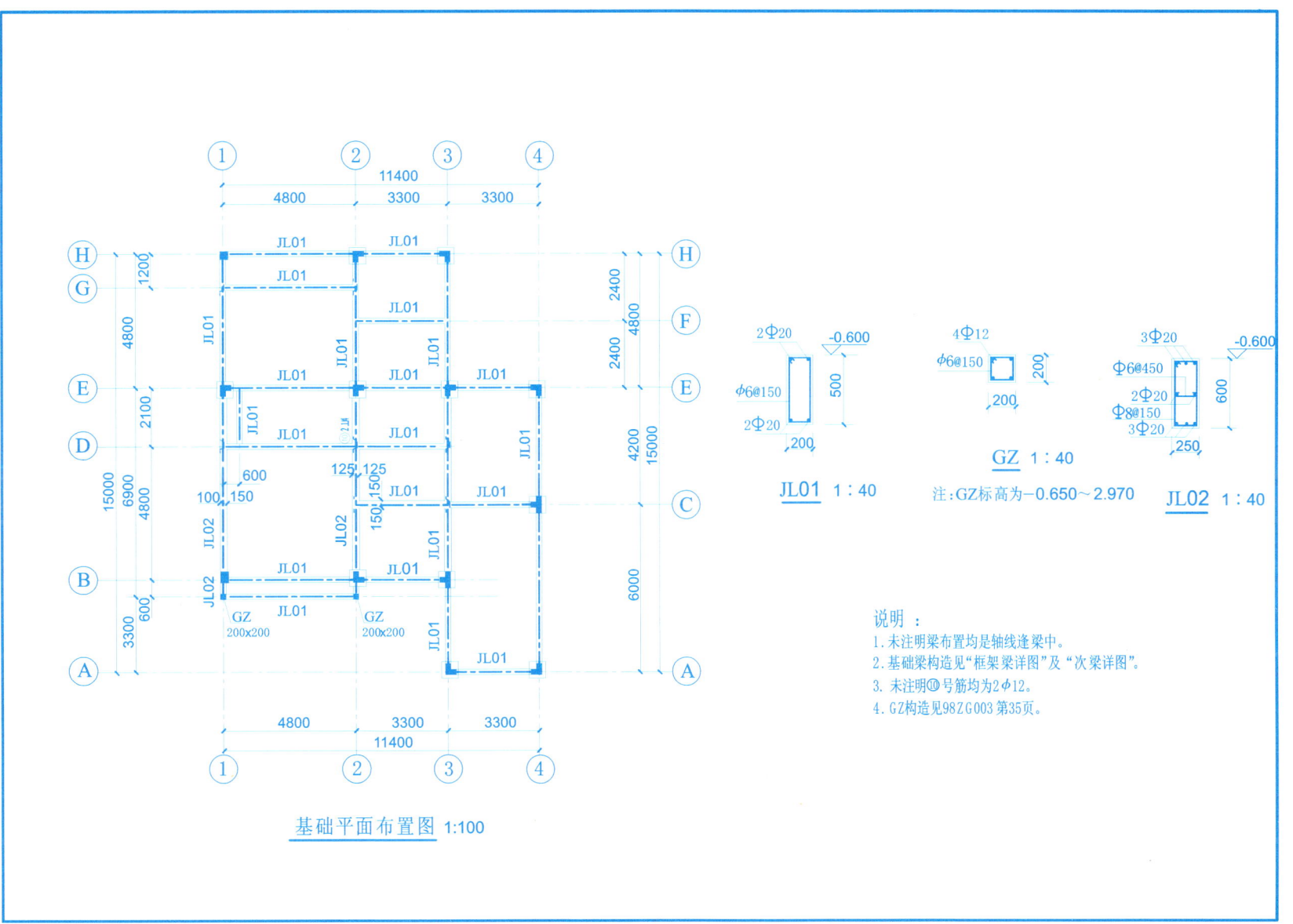

基础平面布置图 1:100

JL01 1:40

GZ 1:40

注:GZ标高为−0.650～2.970

JL02 1:40

说明：
1.未注明梁布置均是轴线逢梁中。
2.基础梁构造见"框架梁详图"及"次梁详图"。
3.未注明⑩号筋均为2φ12。
4.GZ构造见98ZG003第35页。

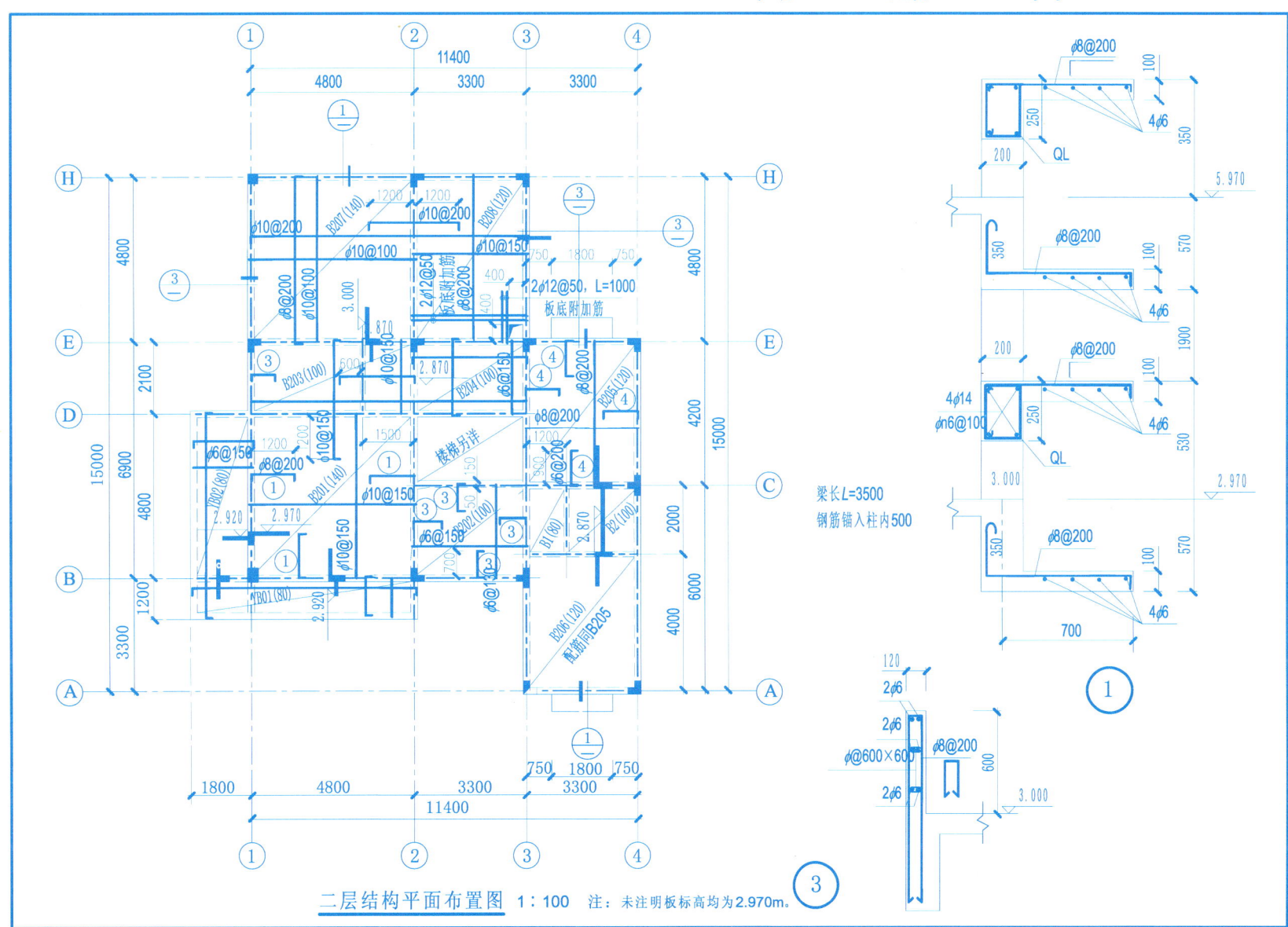

二层结构平面布置图　1∶100　注：未注明板标高均为2.970m。

梁长L=3500
钢筋锚入柱内500

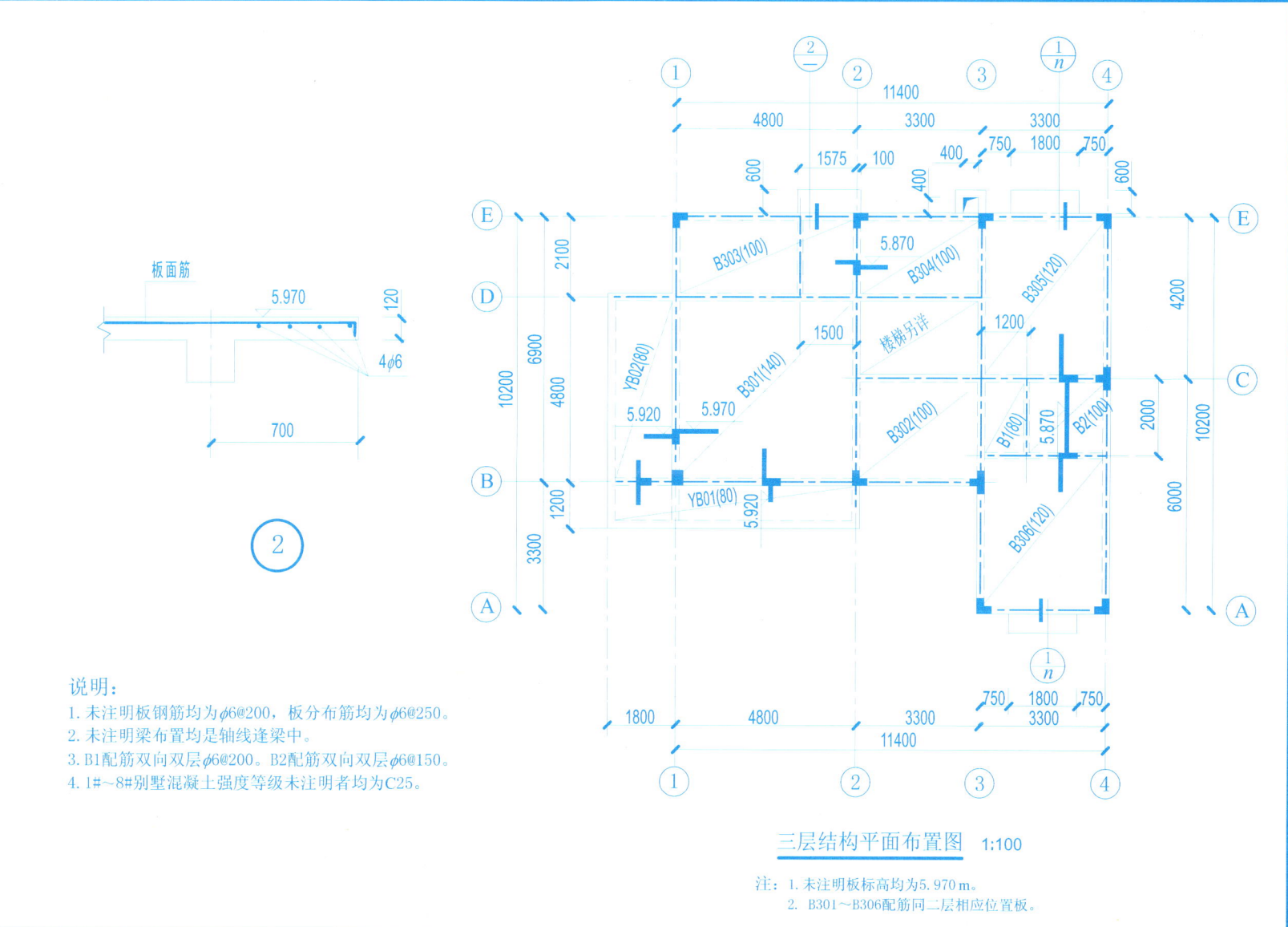

板面筋

5.970

120

4φ6

700

②

说明：
1. 未注明板钢筋均为φ6@200，板分布筋均为φ6@250。
2. 未注明梁布置均是轴线逢梁中。
3. B1配筋双向双层φ6@200。B2配筋双向双层φ6@150。
4. 1#~8#别墅混凝土强度等级未注明者均为C25。

三层结构平面布置图　1:100

注：1. 未注明板标高均为5.970 m。
　　2. B301~B306配筋同二层相应位置板。

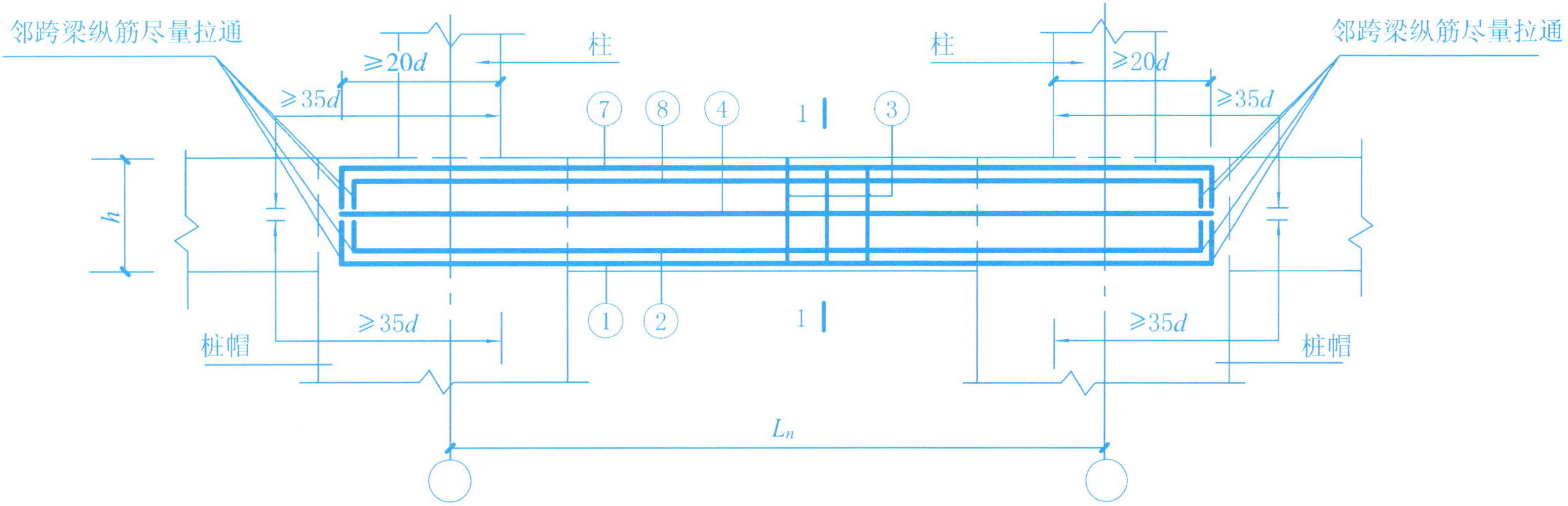

邻跨梁纵筋尽量拉通

≥20d

柱　　　　　　　柱

邻跨梁纵筋尽量拉通

≥20d

≥35d

⑦ ⑧ ④ 1 ③

≥35d

h

桩帽

≥35d

1

≥35d

桩帽

L_n

基础梁（JL、JLL）详图

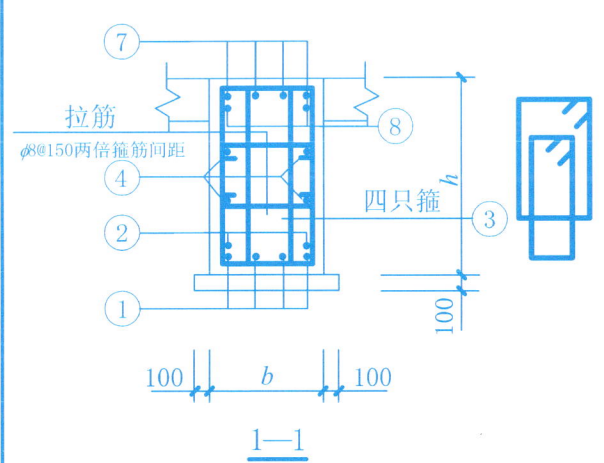

拉筋

$\phi8@150$ 两倍箍筋间距

⑦

⑧

④

③

②

①

四只箍

100

100　　b　　100

1—1

说明：

1. 基础梁（JL、JLL）采用C20混凝土，钢筋Ⅰ级（ϕ）、Ⅲ级（$\underline{\phi}$）。基础梁与桩帽一起现浇。
2. 基础梁与轴线关系见平面图。
3. 基础梁主筋采用A级直螺纹套筒钢筋接头，同一截面可接长50%钢筋总面积，相邻接头错开35d及500。
4. 基础梁底座100厚，C15素混凝土垫层梁侧可砌砖做模板。
5. 基础梁施工时应预埋柱插筋。
6. 基础梁梁底筋当相邻跨的根数及直径相同时应拉通。
7. 其余说明见结构总说明。

基础梁（JL、JLL）表

基础梁编号	JL01	①	5$\underline{\phi}$25
左端支座轴线号	近2	②	
		③	$\phi10@100$
梁面标高H/m	−5.300	④	2$\underline{\phi}$20
b/mm	350	⑤	
h/mm	800	⑥	
L_n	4600	⑦	4$\underline{\phi}$32
		⑧	4$\underline{\phi}$32

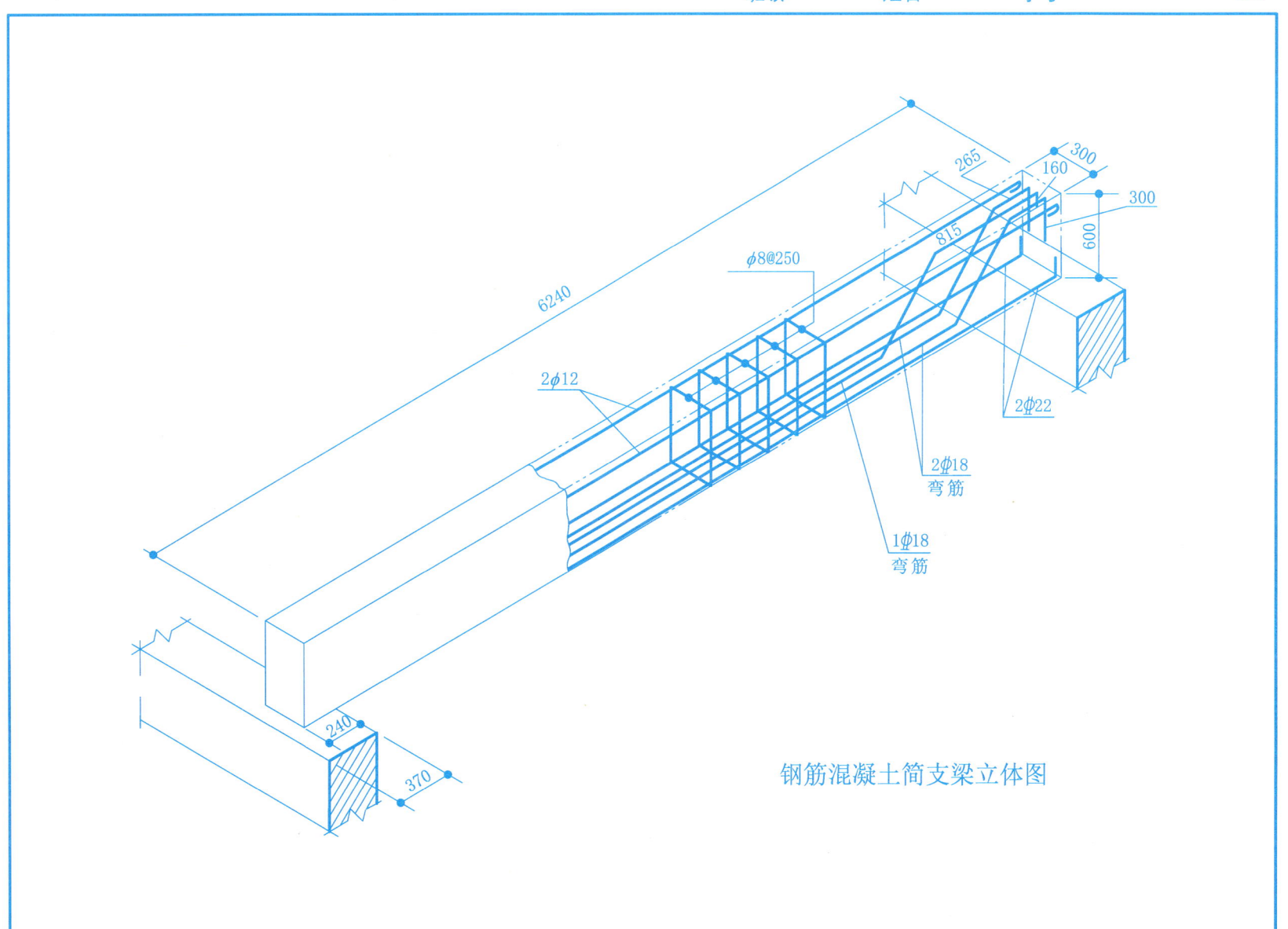

300
160
300
265
600
815
6240
φ8@250
2φ12
2φ22
2φ18
弯筋
1φ18
弯筋
240
370

钢筋混凝土简支梁立体图

15-6　读懂某框架梁的平法标注，求作1-1断面图（1：10）；并完成下面的填空题。

KL3(2)300×600
φ8@100/200(2)
2φ22;4φ25
N2φ20

5φ25

1.此梁的汉字全程是 ＿＿＿＿ 梁，序号为＿＿＿＿，跨数为＿＿＿＿，梁宽是＿＿＿＿mm。

2.侧面受扭钢筋有＿＿＿＿根，直径是＿＿＿＿mm。

3.箍筋为＿＿＿＿肢箍，直径是＿＿＿＿mm，加密区间距为＿＿＿＿mm。

16-1　根据室内管道系统图，画出管道平面图(未标出的尺寸由教师定)。

图例

名称	平面图	系统图
放水龙头		
淋浴喷头		
延时自动冲洗阀		
截止阀		

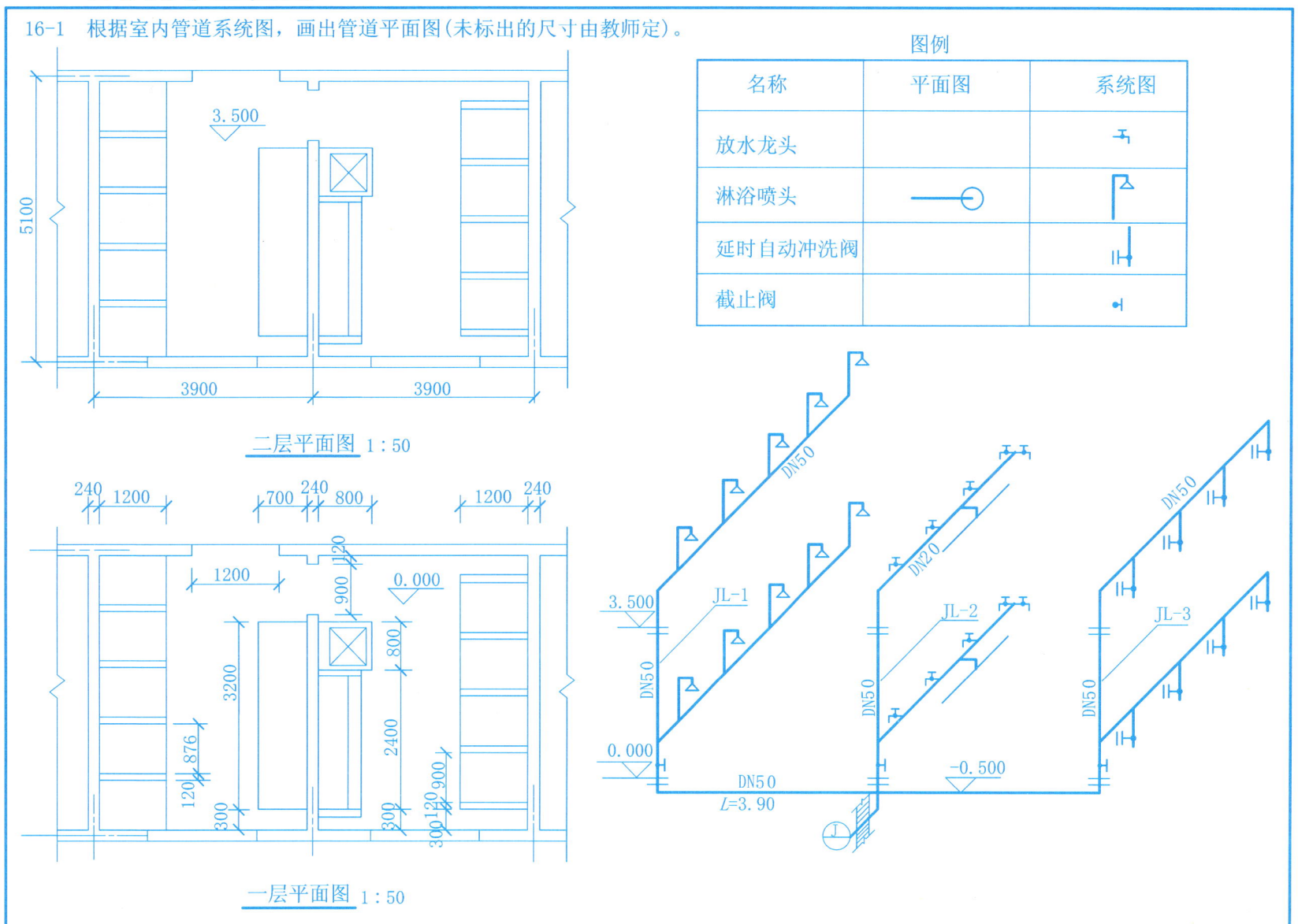

二层平面图　1:50

一层平面图　1:50

16-2　根据室内管道系统图，画出管道平面图（未标出的尺寸由教师定）。

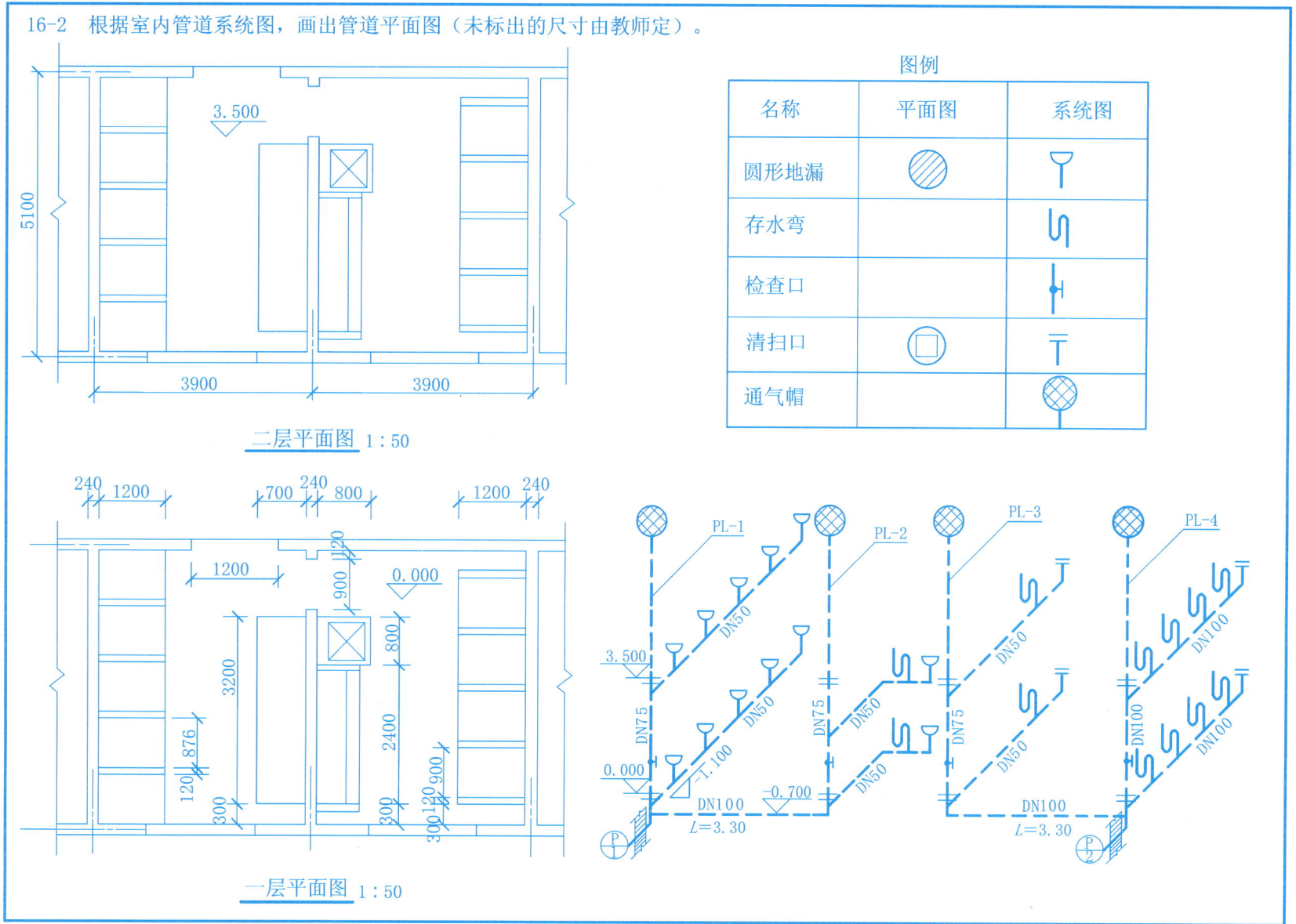

名称	平面图	系统图
圆形地漏	⊘	⊻
存水弯		⌇
检查口		⊢
清扫口	▢	⊤
通气帽		⊗

图例

二层平面图 1:50

一层平面图 1:50

17-1 阅读并抄绘路基标准横断面图。

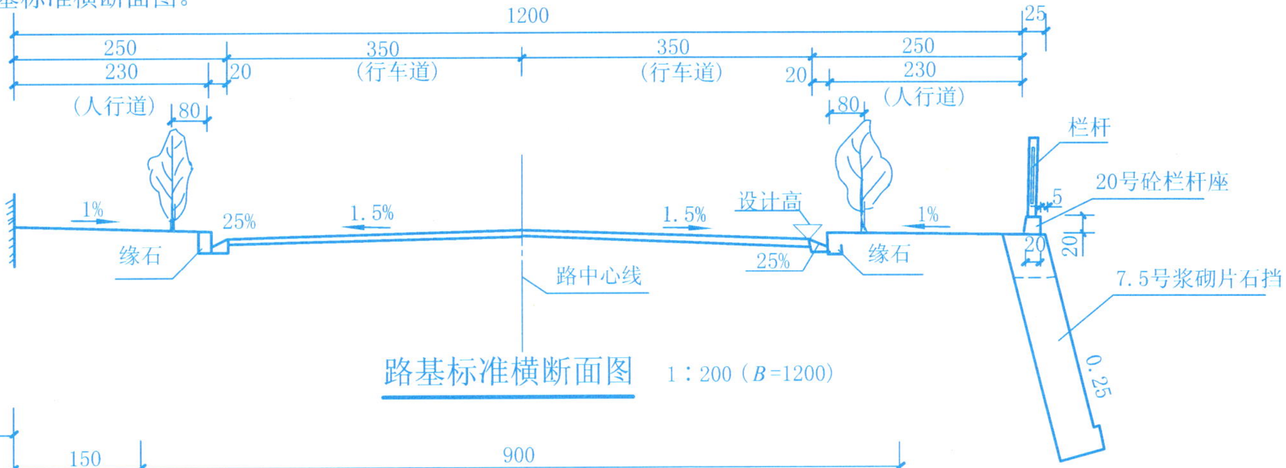

路基标准横断面图 1∶200（B=1200）

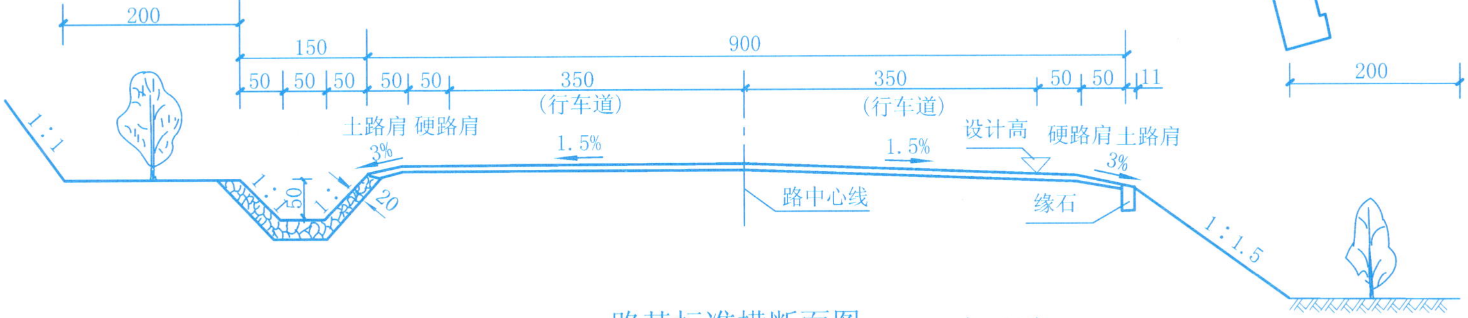

栏杆
20号砼栏杆座
7.5号浆砌片石挡

路基标准横断面图 1∶200（B=900）

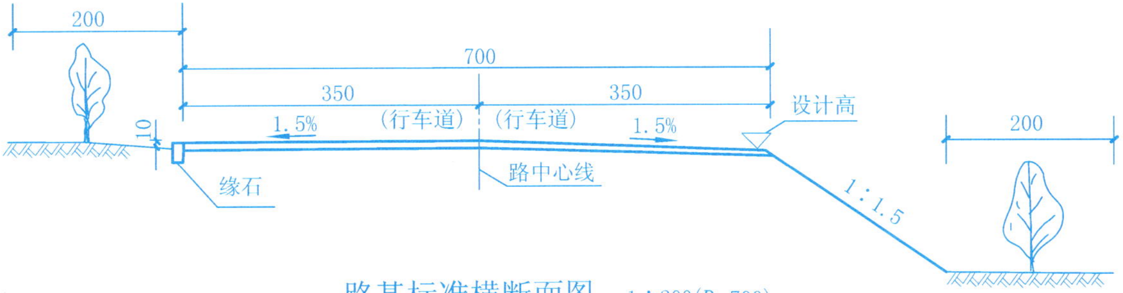

路基标准横断面图 1∶200（B=700）

17-2　阅读并抄绘"平箅式雨水口"设计图。

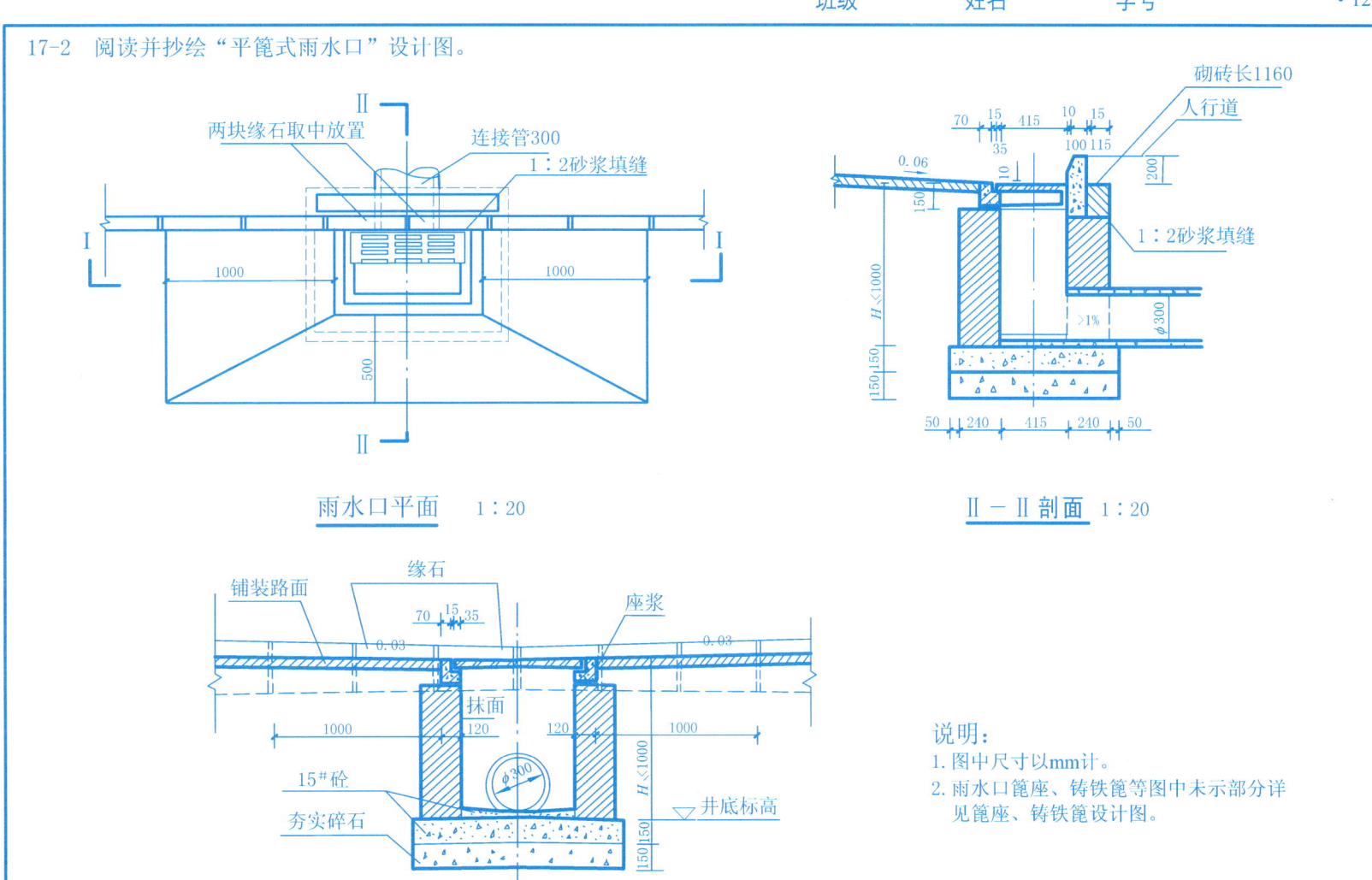

两块缘石取中放置
连接管300
1:2砂浆填缝
1000
1000
500

雨水口平面　1:20

砌砖长1160
人行道
70　15　415　10　15
35　　　100 115
0.06
10
150
200
1:2砂浆填缝
H≤1000
>1%
φ300
150 150
50　240　415　240　50

Ⅱ－Ⅱ剖面　1:20

铺装路面
缘石
座浆
70　15　35
0.03
0.03
抹面
1000
120　120
1000
15#砼
φ300
H≤1000
夯实碎石
井底标高
150 150
50　240　680　240　50

Ⅰ－Ⅰ剖面　1:20

说明:
1. 图中尺寸以mm计。
2. 雨水口箅座、铸铁箅等图中未示部分详
　见箅座、铸铁箅设计图。

18-1　阅读并抄绘教材中梁式桥平面布置图18-7（具体要求由教师确定）。

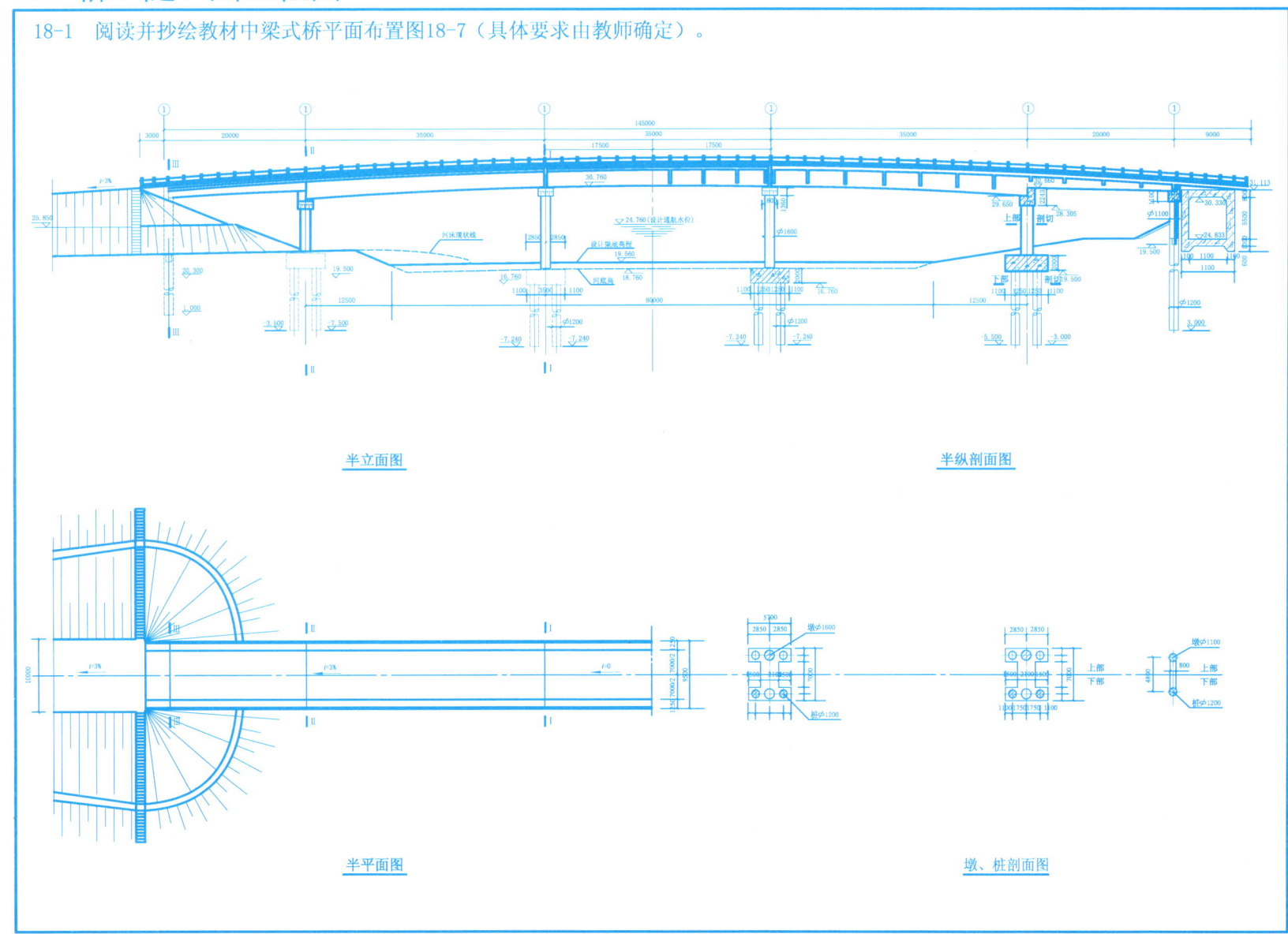

半立面图　　　　　　　　　　　　　半纵剖面图

半平面图　　　　　　　　　　　　　墩、桩剖面图

本作业目的：

1 激活思维、引发想象并检验思维能力和实践技能训练的效果。

2 综合运用所学的制图基本知识和各种图样的绘图技巧，将想象中的对象正确地画出来。

本作业要求：

1.“我的家”可描述过去的家——父母的家、抄绘改造现在的家——学生宿舍或设计未来的家(室内或室外)。

2.在A2或A3图纸上完成两部分作业：平、立、剖面图和立体效果图（轴测图或透视图）。

3.在平、立、剖面图中标注主要尺寸，作图比例自选。

本作业建议：

1.本作业可自行组合团队共同协作完成，也可独立设计。

2.本作业应提前在课程结束前一个月开始进行。

本作业完成阶段(仅供参考)

1.“设计”阶段

（1）到图书馆查阅相关资料、欣赏建筑物图、参观建筑，完成形象思维过程的形象感受、形象储存环节(参看教材第5章“形象思维方法提示”)。

（2）资料整理并构形思考，完成形象思维过程的形象判断、形象创造环节。

（3）初步设计，画出各种图样的草图，开始进行形象思维过程的形象描述环节。

2.绘图阶段

（1）画效果图。

（2）画多面正投影图。

（3）标注尺寸。

完成形象思维过程的形象描述环节。

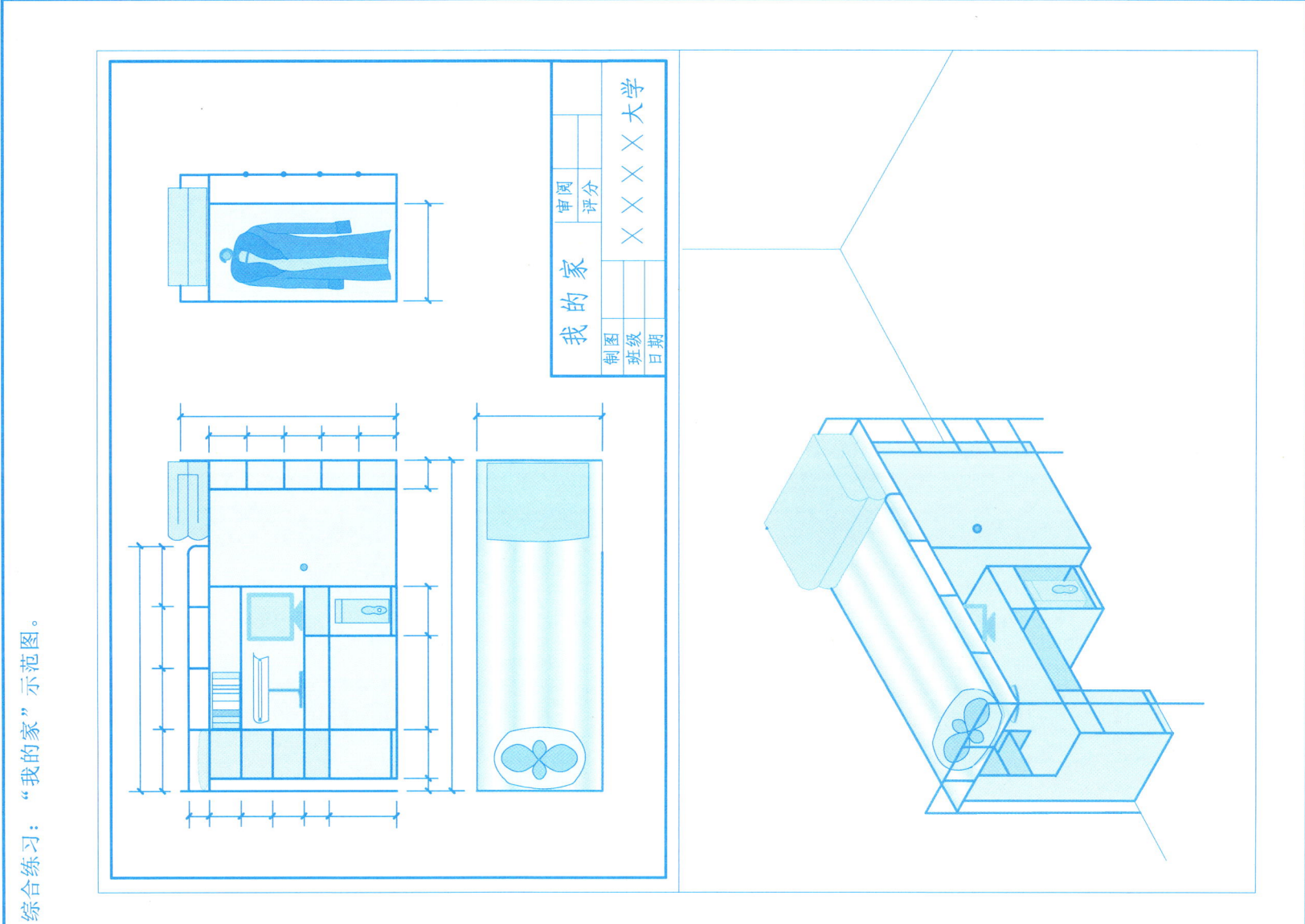

综合练习："我的家"示范图。

我 的 家

××××大学

审阅　评分

制图　班级　日期

"我的家"学生作品欣赏1。　　　　作者：华中科技大学土木工程0702班　韩飞、王川、万远收、程东亮、吴渐。

WDJ ②

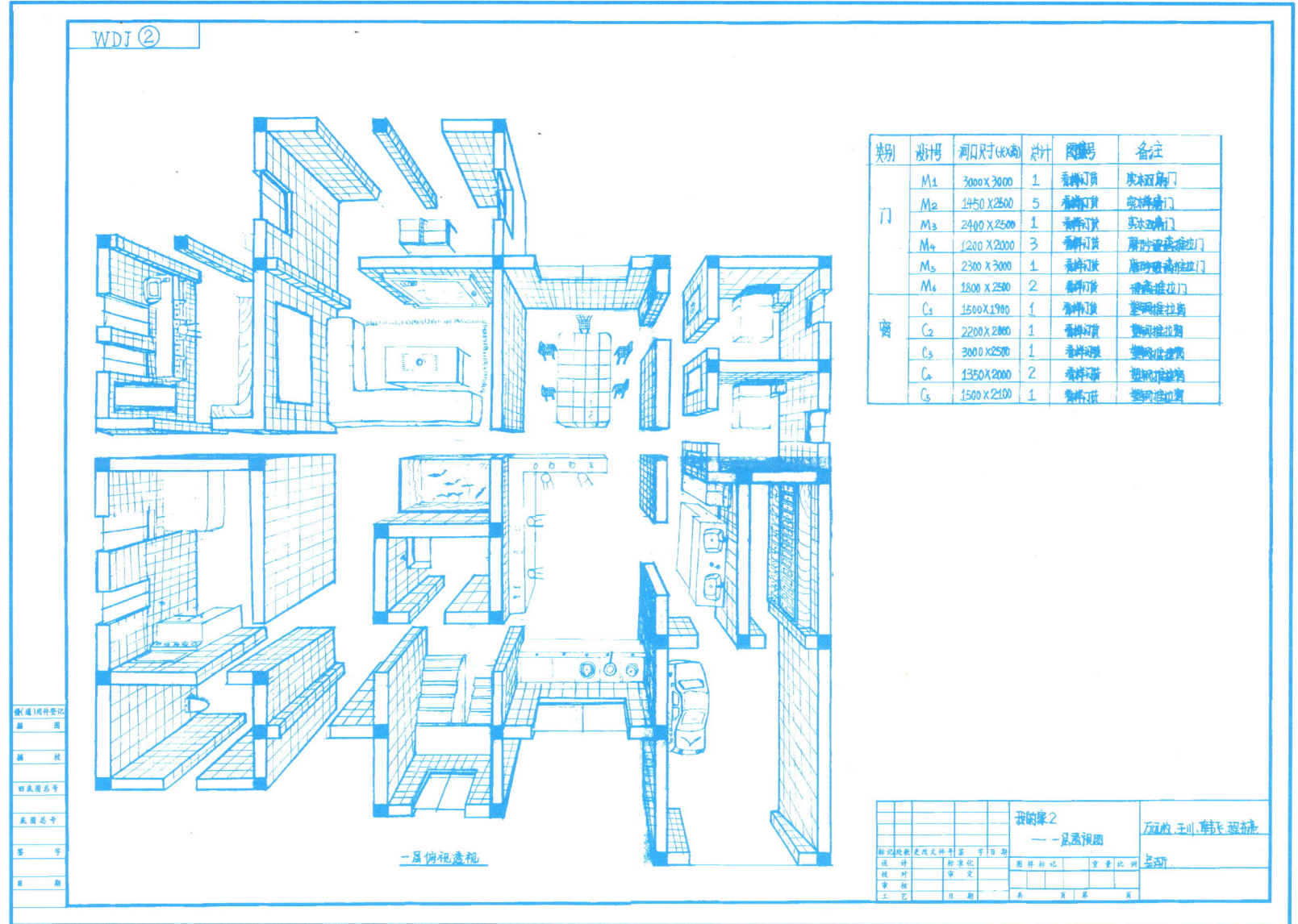

一层俯视透视图

类别	设计号	洞口尺寸(宽×高)	总计	图集号	备注
门	M1	3000×3000	1	看样订货	实木双扇门
	M2	1450×2500	5	看样订货	实木单扇门
	M3	2400×2500	1	看样订货	实木双扇门
	M4	1200×2000	3	看样订货	扇形玻璃推拉门
	M5	2300×3000	1	看样订货	扇形玻璃推拉门
	M6	1800×2500	2	看样订货	带纱推拉门
窗	C1	1500×1900	1	看样订货	塑钢推拉窗
	C2	2200×2060	1	看样订货	塑钢推拉窗
	C3	3000×2500	1	看样订货	塑钢推拉窗
	C4	1350×2000	2	看样订货	塑钢推拉窗
	C5	1500×2100	1	看样订货	塑钢推拉窗

我的家2
—— 一层透视图

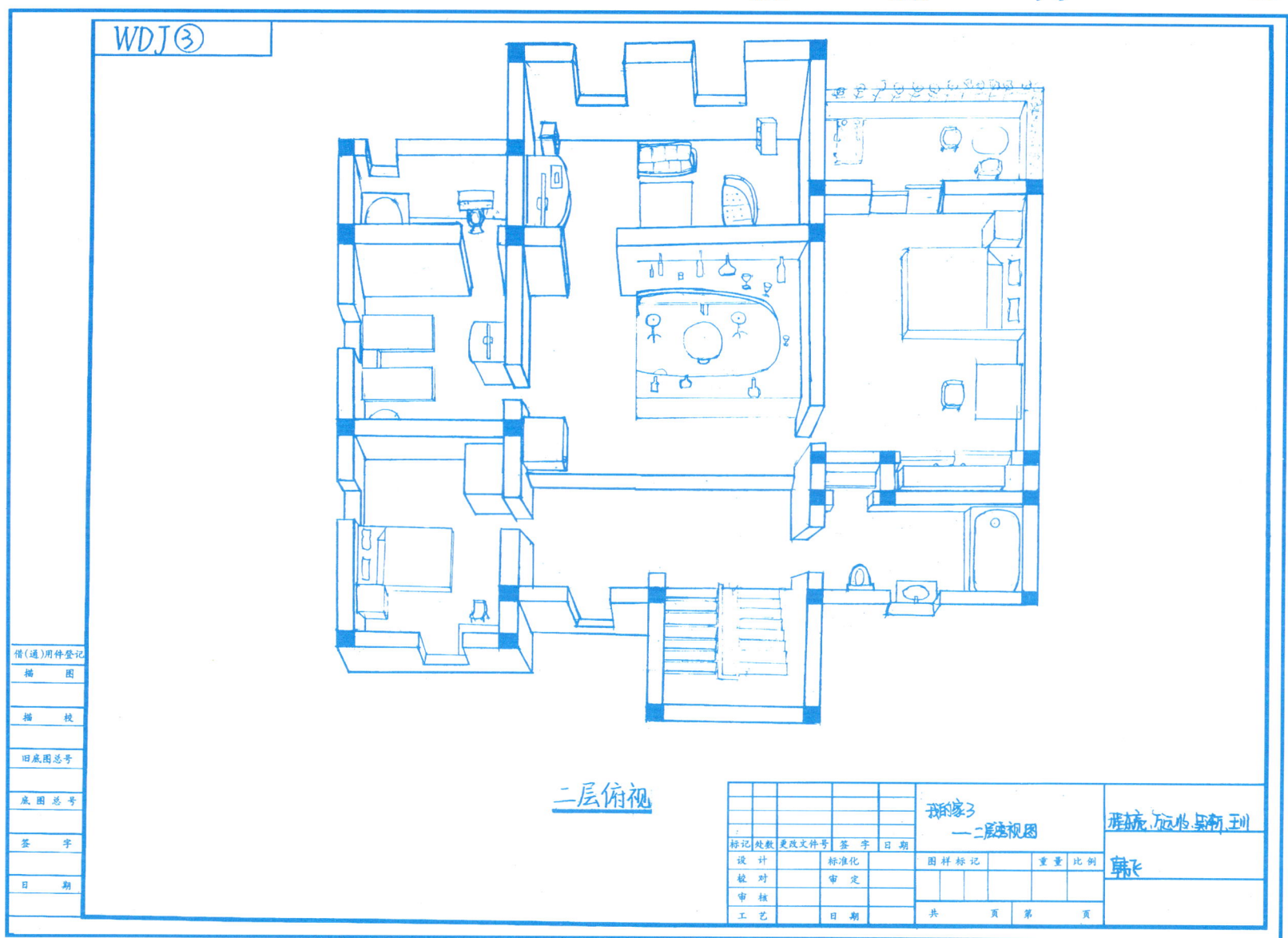

WDJ③

二层俯视

借(通)用件登记

| 描　图 |
| 描　校 |
| 旧底图总号 |
| 底图总号 |
| 签　字 |
| 日　期 |

标记	处数	更改文件号	签字	日期
设计		标准化		
校对		审定		
审核				
工艺		日期		

我的家3
——二层视图

图样标记		重量	比例
共　　页	第　　页		

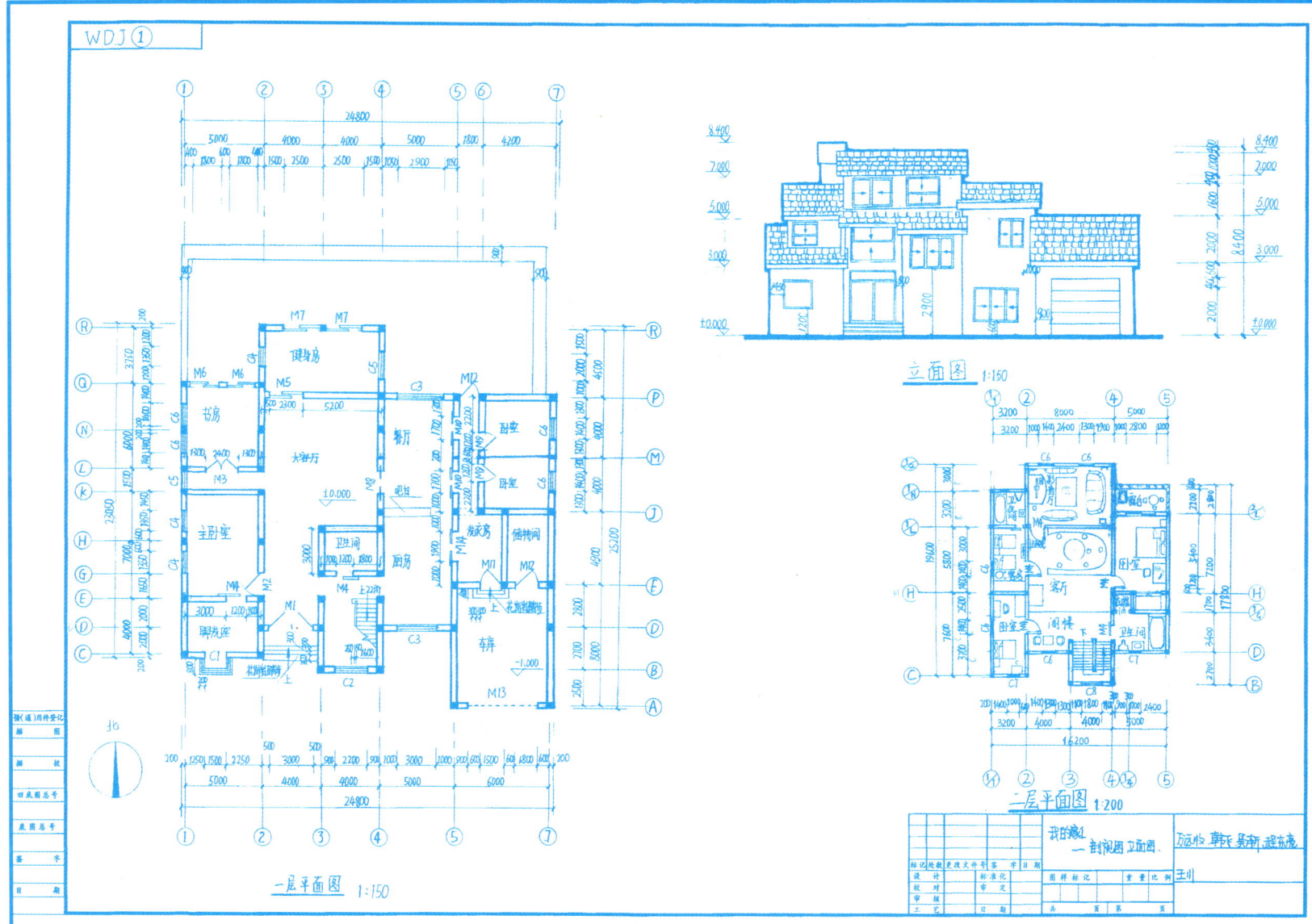

立面图 1:150

一层平面图 1:150

一层平面图 1:200

"我的家"学生作品欣赏 2。　　　　　　　作者：华中科技大学给排水 0703 班　朱先辰。

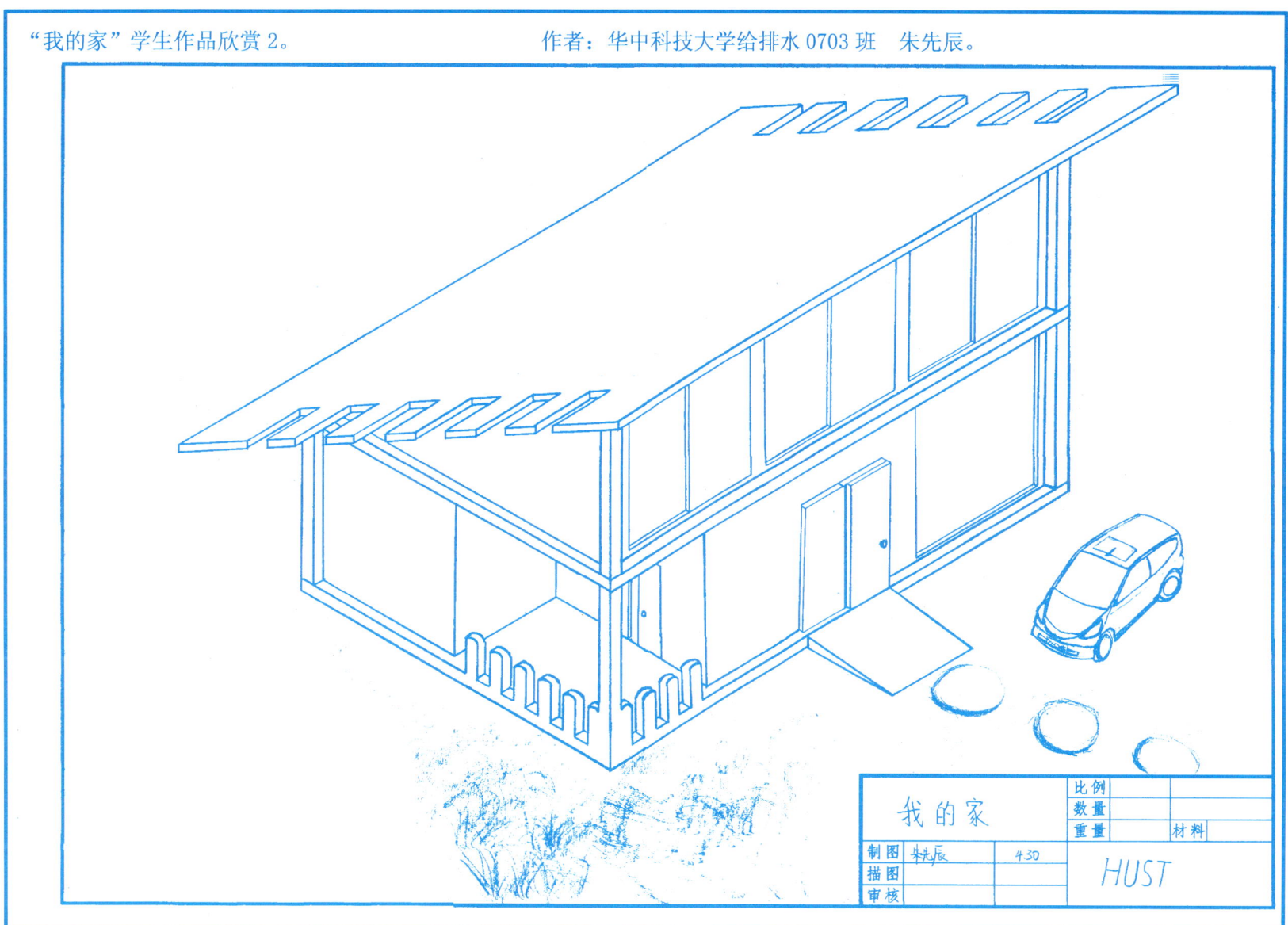

我的家	比例	
	数量	
	重量	材料
制图 朱先辰	4.30	HUST
描图		
审核		

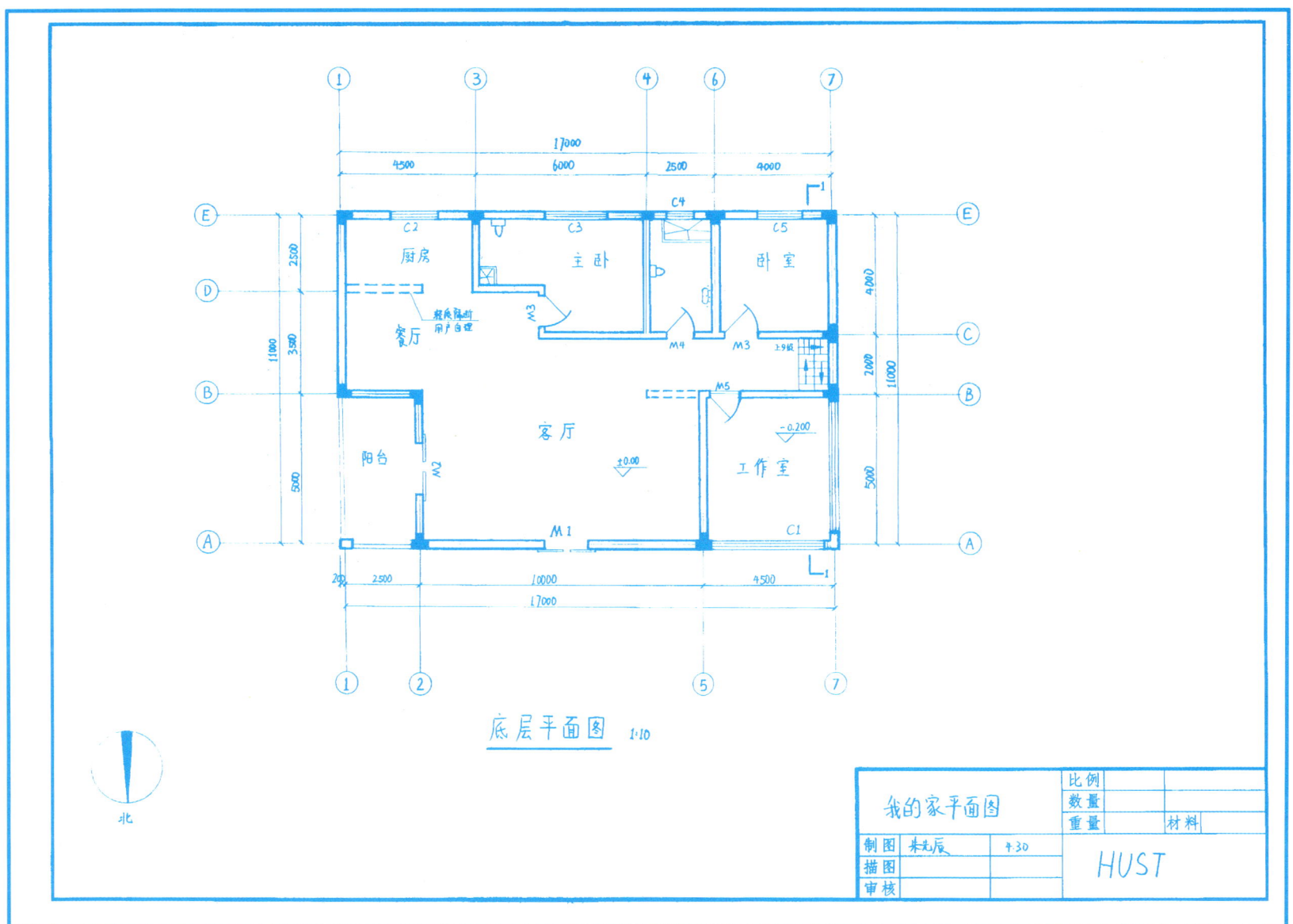

底层平面图 1:10

北

我的家平面图	比例			
	数量			
	重量		材料	
制图	朱北辰	4.30	HUST	
描图				
审核				

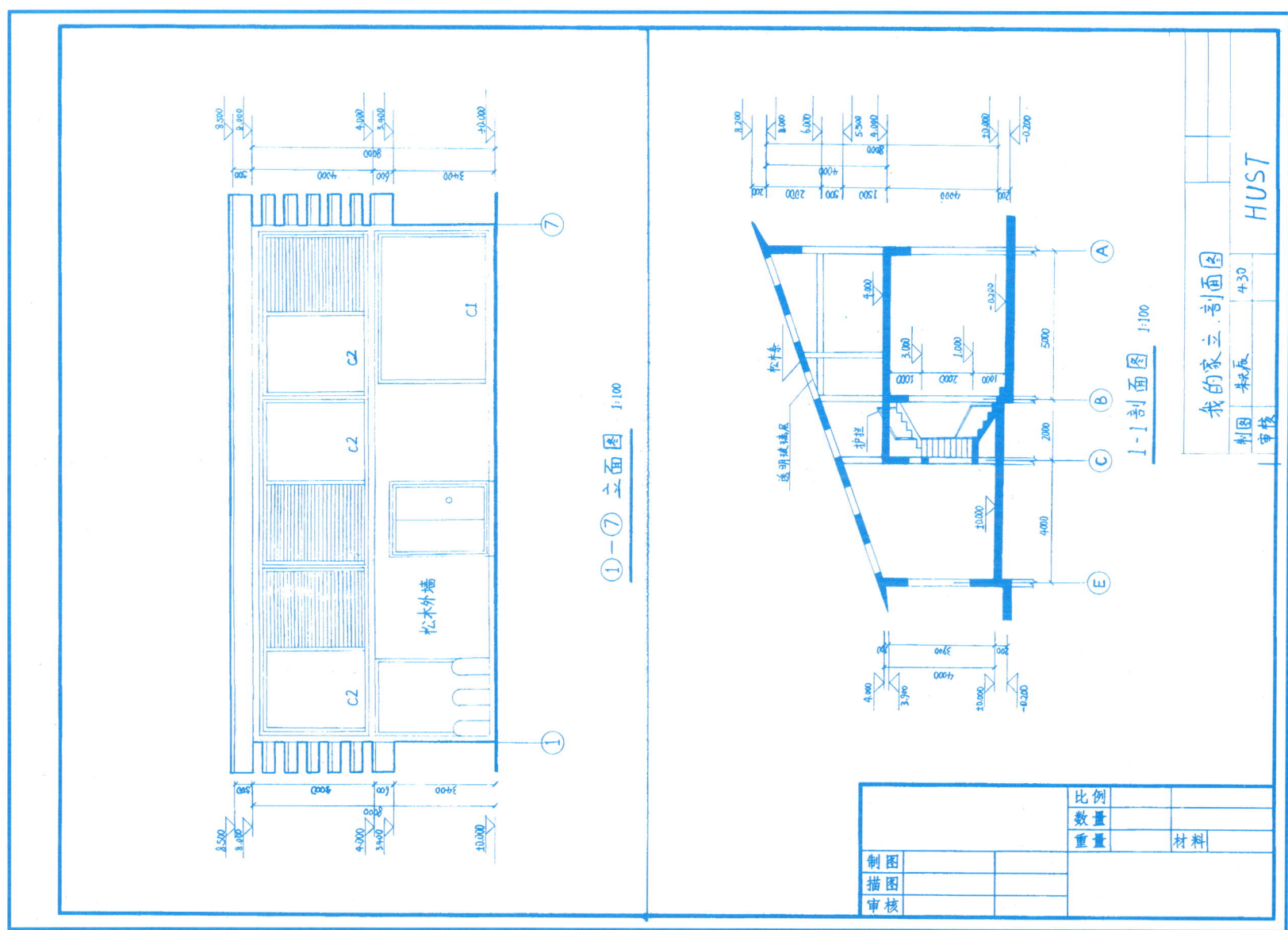

① — ⑦ 立面图 1:100

松木外墙

1—1剖面图 1:100

我的家之剖面图

HUST

比例		
数量		
重量		材料
制图		
描图		
审核		

1. 判断AB、CD两直线的相对位置(平行、相交、交叉)。(8分)

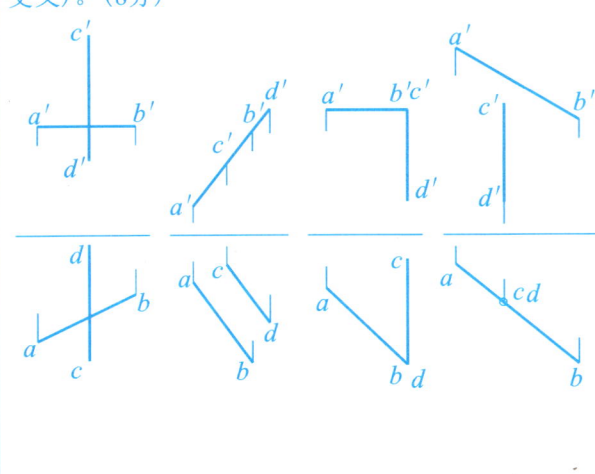

2. 平面ABCD的AB边平行于V面，补全平面投影。(8分)

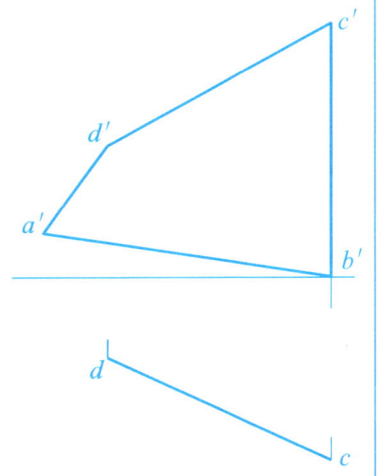

3. 将平面ABCD上所有与H、V等距的点连接起来，简述其步骤。(10分)

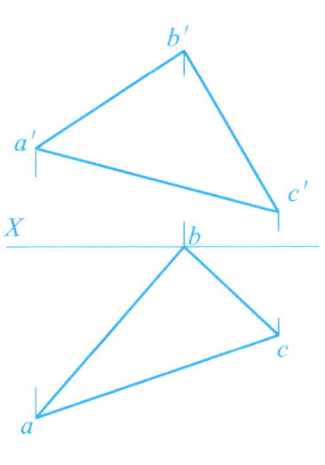

4. 过点A作平面AMN平行于直线DE和FG在该面上的正投影互相平行，简述其步骤。(8分)

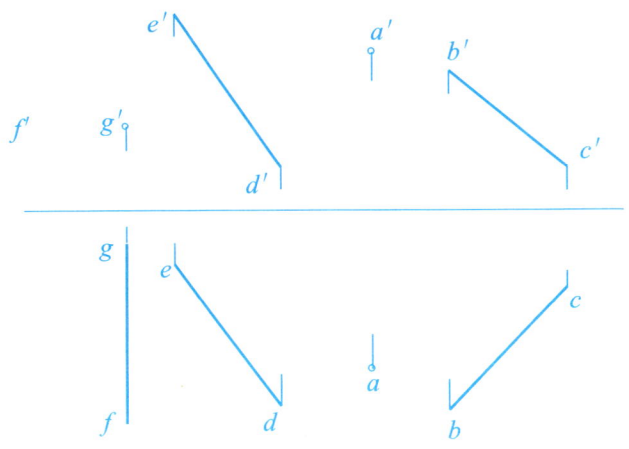

5. 已知正平线AB为等腰直角三角形ABC的斜边，该面的 $\beta=60°$ ，用换面法完成ABC的两面投影。(10分)

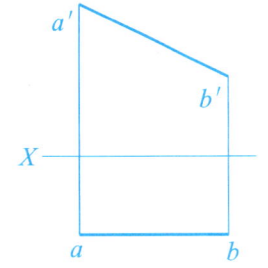

6.已知同坡屋顶屋檐的H、V面投影，完成屋顶的两投影，屋面倾角为30°。（10分）

7.完成被切四棱锥的H、W面投影。（12分）

8.已知组合体的正面、侧面投影、想出立体，补绘其水平投影。（12分）

9.已知形体的正面、侧面投影，补画其水平投影。（12分）

10.已知台阶的三面正投影、采用简化变形系数，作出其正等侧轴测图。（10分）

1. 按图中尺寸用1：1的比例抄绘右图,并标注尺寸。（13分）

试卷说明

1. 本试卷为"土木工程制图（下）"
各专业期末试卷;
2. 环工、给排水专业做1~7，12题
共八题;
3. 建环专业做1~4，9~12题;
4. 其他专业做1~8题;
5. 本试卷共五页，各专业总分都为
100分。

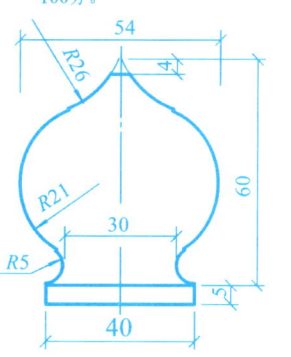

2. 在指定位置作出形体的2—2全部视图。（10分）

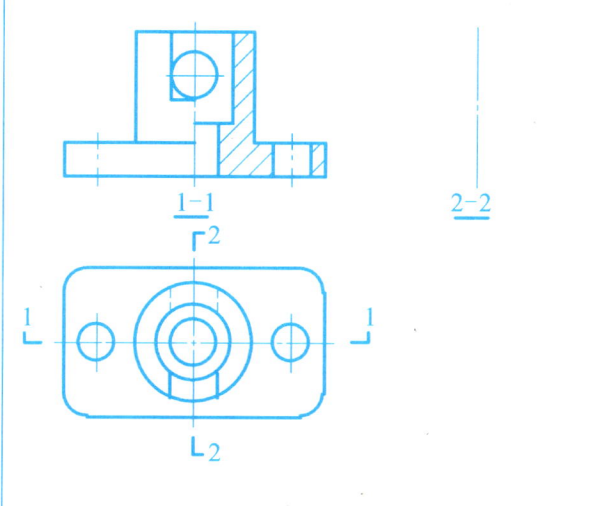

3. 作出梁的1—1、2—2断面图。（8分）

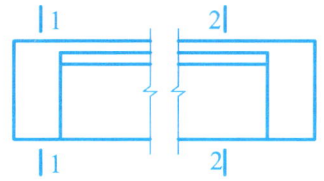 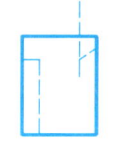

1-1   *2-2*

4. 补全半剖主视图中所缺的图线。（7分）

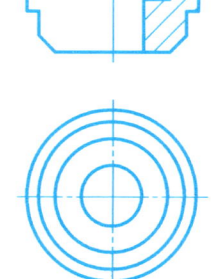

5. 作出组合体的2—2、3—3剖视图。（*建环专业不做）（12分）

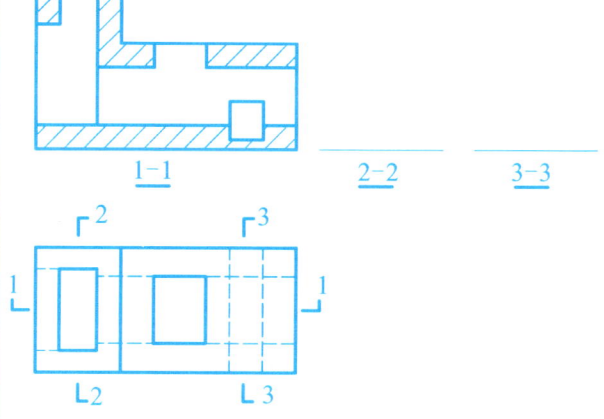

6. 已知坐北朝南房屋的内外墙厚均为240 mm，请完成平面图。要求图线符合规定，补全门窗，注全轴间尺寸、轴线编号、室内标高和门窗编号，并画出指北针。(*建环专业不做)(30分)

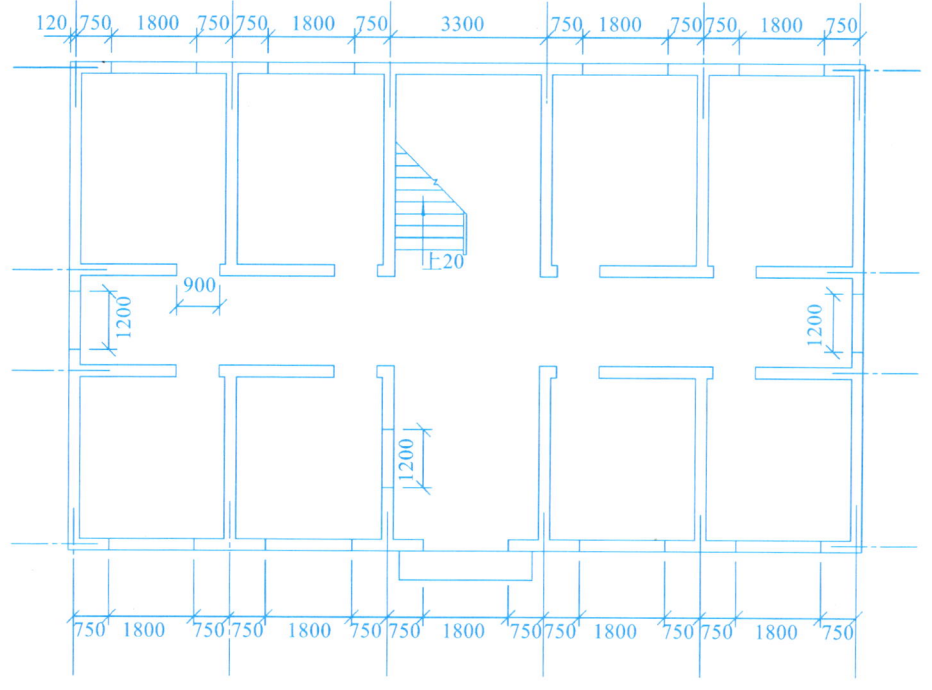

首层平面图1：100

7. 结构施工图。(*建环专业不做)(10分)

(1) 已知房间的结构平面布置图请解释图中标注的含义。

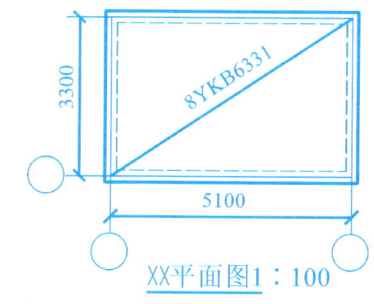

XX平面图1：100

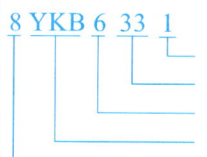

8 YKB 6 33 1

(2) 判断题。

a. 配筋立面图中，混凝土外轮廓用实线绘制。（　）

b. 平面图中配置双层钢筋时，底层钢筋弯钩向上。（　）

c. 钢筋的编号写在直径为6 mm的粗实线圆中。（　）

d. 梁的混凝土保护层厚度一般为15 mm。（　）

e. 汶川地震后建筑大大加强了抗震设计，一般来说现浇楼板要比预制楼板抗震性能要好。（　）

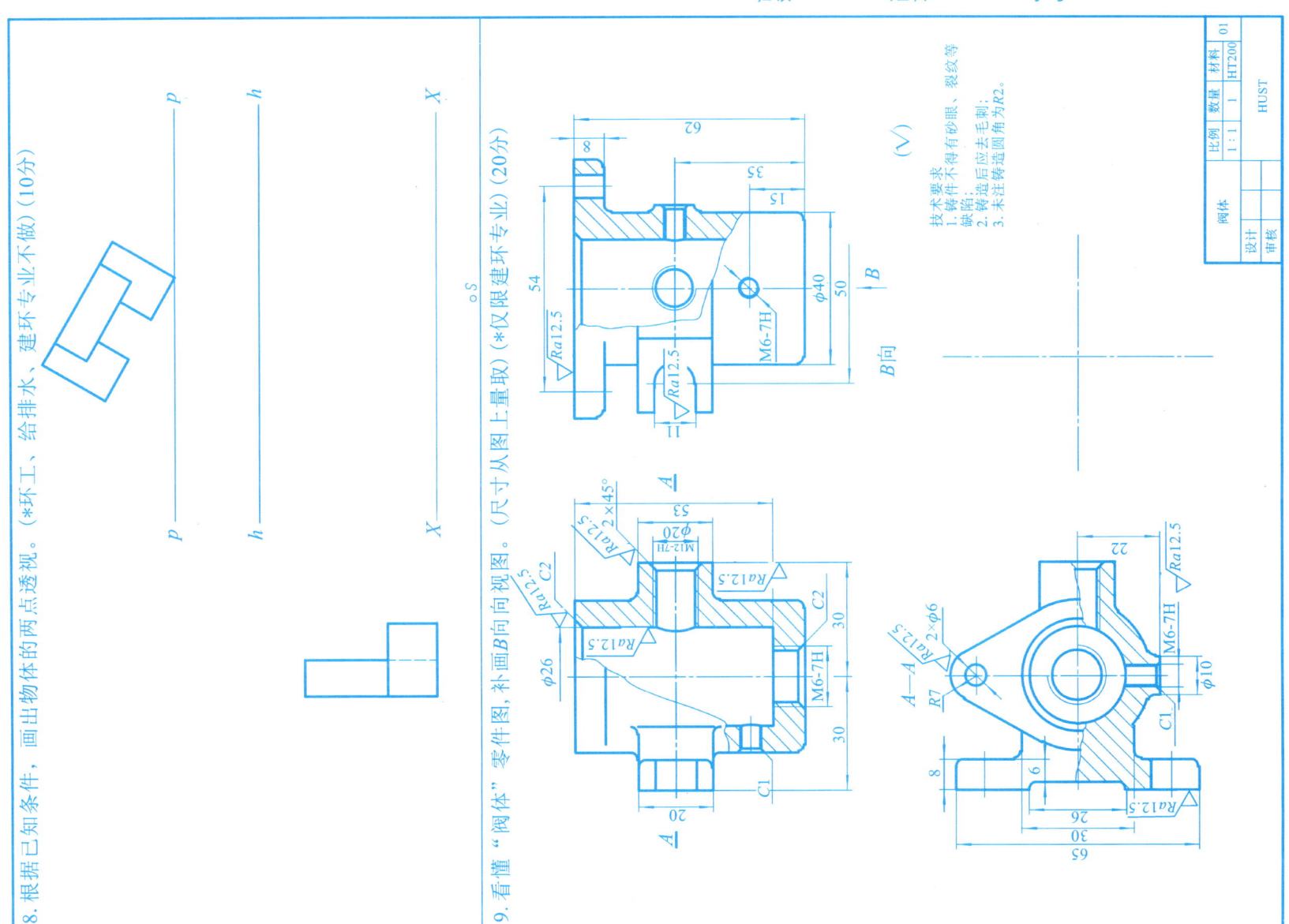

8. 根据已知条件，画出物体的两点透视。（*环工、给排水、建环专业不做）（10分）

9. 看懂"阀体"零件图，补画B向向视图。（尺寸从图上量取）（*仅限建环专业）（20分）

技术要求
1. 铸件不得有砂眼、裂纹等缺陷；
2. 铸造后应去毛刺；
3. 未注铸造圆角为R2。

比例	数量	材料	
1：1	1	HT200	01
		HUST	

阀体

设计
审核

10. 看懂镜头架装配图，拆画架体1的零件图。要求采用合适的表达方法表示零件，标注可省，并完成填空题。(*仅限建环专业)

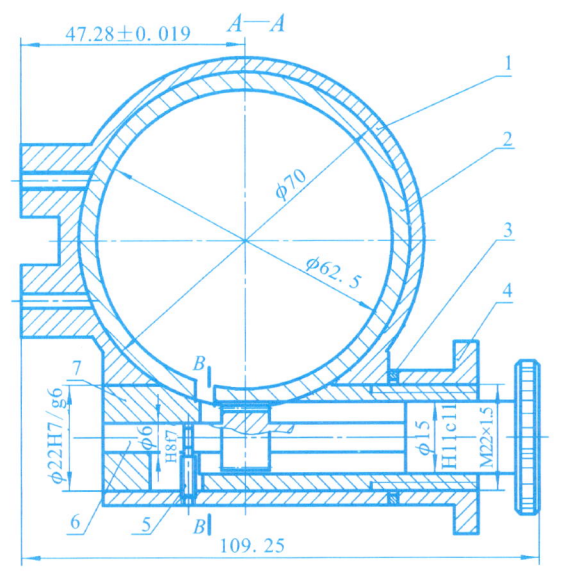

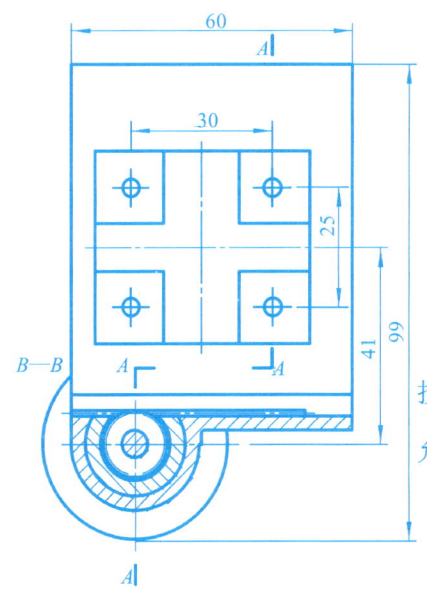

技术要求
　　传动应平稳轻巧，不允许有卡阻爬行现象。

工作原理：
当旋紧锁紧螺母4时，其将锁紧套7右移，锁紧套上的圆柱面槽就迫使内衬圈2收缩而锁紧镜头；
当调节齿轮6与内衬圈2就位后，用螺钉5使调节齿轮轴向定位；
当旋转调节齿轮6，其与内衬圈的齿条啮合传动，使得内衬圈前后直线移动，从而调整焦距。

7	锁紧套	1	2A12
6	调节齿轮	1	组件$m=0.6$ $z=22$
5	螺钉M3×12	1	A3
4	锁紧螺母	1	2A12
3	垫圈	1	Q235
2	内衬圈	1	ZAlSi12
1	架体	1	ZAlSi12
序号	名称	数量	材料
镜头架		比例	件数	质量
		1:1	1	103-00
设计			HUST
审核			

11.看懂镜头架装配图，拆画架体1的零件图。要求采用合适的表达方法表示零件，标注可省，并完成填空题。(*仅限建环专业)
(32分)

技术要求

1. 铸件应经时效处理，
消除内应力。
2. 去毛刺、锐边。
3. 未注铸造圆角R1~R3。

填空题
图中的φ22H7/g7为配合尺寸,其中H7为_____的_____,h为_____,6为_____。

架体	比例	件数	材料	03-01
	1：1	1	ZAlSi12	
设计			HUST	
审核				

12.指出螺栓连接画法中的错误,并在右边画出正确的图形。(*仅限环工、给排水、建环专业)(10分)

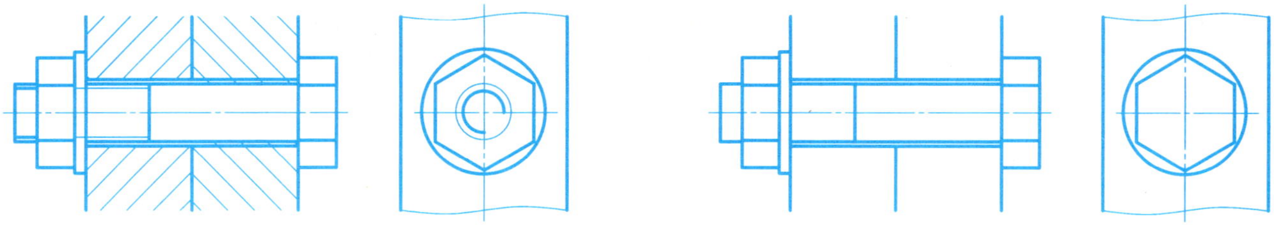

二维码资源使用说明

　　本书配套数字资源以二维码的形式在书中呈现，读者第一次查看数字资源时，可利用智能手机微信扫码，扫码成功后提示微信登录，授权后进入注册页面，填写注册信息。按照提示输入手机号后点击获取手机验证码，稍后会收到4位数的验证码短信，在提示位置输入验证码成功后，重复输入两遍设置密码，点击"立即注册"，注册成功（若手机已经注册，则在"注册"页底面选择"已有账号？绑定账号"，进入"账号绑定"页面，直接输入手机号和密码，提示登录成功）。接着提示输入学习码，需刮开教材封底防伪涂层，输入13位学习码（正版图书拥有的一次性使用学习码），输入正确后提示绑定成功，即可查看二维码数字资源。手机第一次登录查看资源成功，以后便可直接在微信端扫码登录，重复查看本书所有的数字资源。